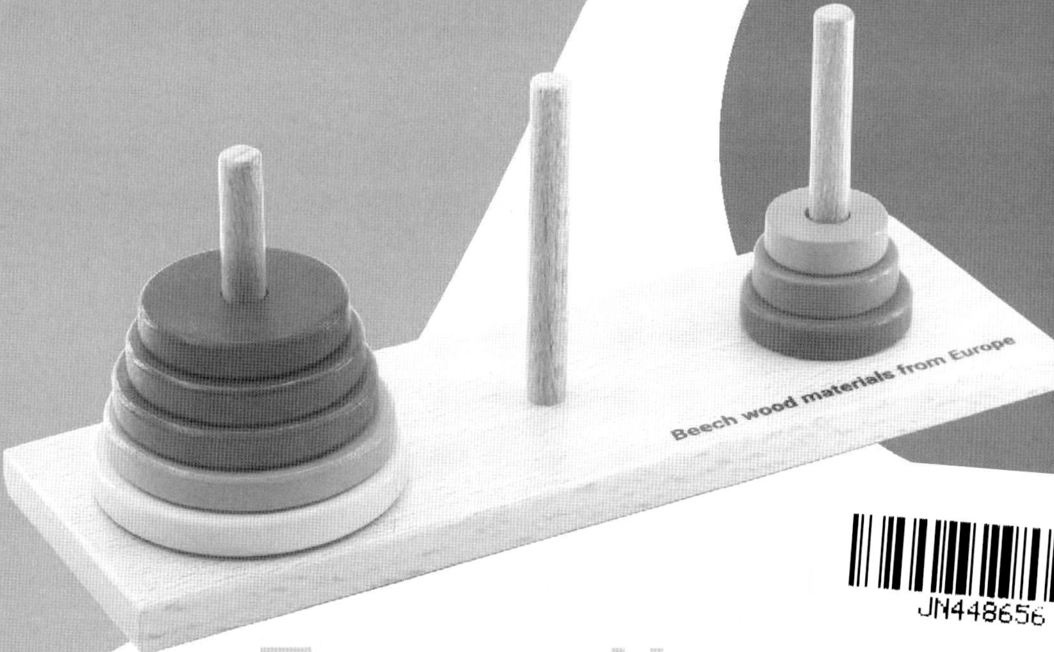

TOWER of HANOI

하노이탑

최중오 지음

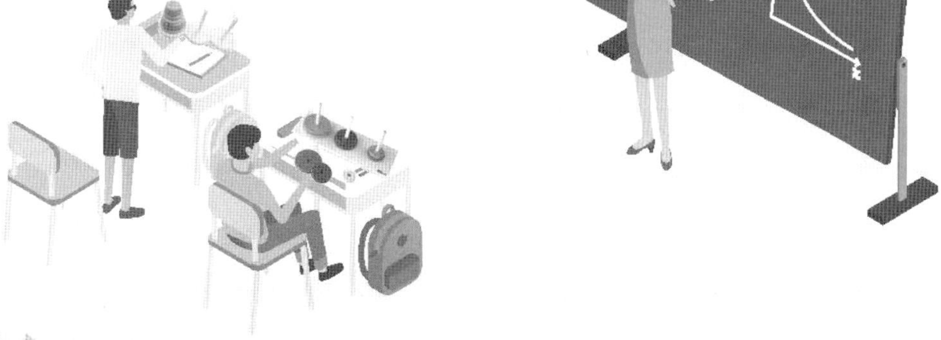

하노이탑

초판인쇄 2019년 3월 31일
초판발행 2019년 3월 31일

저 자 최중오

펴 낸 곳 지오아카데미
주 소 서울시 서울 중구 퇴계로 213 일흥빌딩 407호
등 록 2016년 3월 7일 제395-2016-000014호
전 화 010)2204-4518 | **팩스** 02)371-0706
이 메 일 emotion-books@naver.com
홈페이지 www.geobooks.co.kr

ISBN 979-11-87541-49-3
값 15,000원

이 도서의 국립중앙도서관 출판예정도서목록(CIP)은 서지정보유통지원시스템 홈페이지(http://seoji.nl.go.kr)와 국가자료공동목록시스템(http://www.nl.go.kr/kolisnet)에서 이용하실 수 있습니다.
(CIP제어번호 : CIP2019004527)

차 례

Contents

Chapter

01 하노이 탑 (Tower of Hanoi)

1. 시작하며
2. 표현능력!!
3. 해결해야 할 내용
4. 누구에게나 '영재성'이 있다!!

01 Chapter 하노이 탑 (Tower of Hanoi)

1. 시작하며

아주대학교와 가천대학교 부설 과학영재교육원에서 초・중등 수학분야 영재들을 지도하면서 '아이들의 수학 창의성을 이끌어 낼 수 있는 주제'를 찾는 것이 늘 고민이었다.

재미있으면서도 수학 사고력을 키울 수 있는 주제!!

덕분에 10여 개 정도의 수학 관련 탐구 주제를 찾아 자료를 정리하고 아이들과 탐구활동을 진행하면서 자료 수정 및 보강을 하였다. 이들 10여 개의 탐구 주제 중에서 아이들이 제일 재미있어 하면서도 높은 집중도를 보여준 탐구 주제가 바로 **'하노이 탑'**과 **'변형 하노이 탑'**이다.

하노이 탑은 2가지 조건에 따라 원판을 다른 기둥으로 옮기는 최소이동횟수를 구하는 비교적 간단한 수학교구이다. 하지만 간단해 보이는 규칙 속에 숨어 있는 다양한 수학적 사실들을 발견해 가는 과정에서 아이들이 자기도 모르게 탐구에 몰입해가는 모습을 보곤 한다.

기본적인 하노이 탑을 충분히 탐구한 후에는 원판을 옮기는 조건을 추가하거나 기둥

의 개수를 늘려서 변형 하노이 탑을 만들고 그 규칙을 탐구할 수 있다. 대표적인 변형 하노이 탑으로는

인접통행 하노이 탑, 일방통행 하노이 탑, 기둥이 4개인 하노이탑

등이 있다. 변형 하노이 탑을 탐구하다보면 아이들은 자연스럽게 사고의 확장을 통해 수학적 창의성을 기르게 된다.

[인접통행 하노이탑] [일방통행 하노이탑] [기둥이 4개인 하노이탑]

2. 표현능력!!

하노이 탑에서는 간단한 규칙에 따라 원판을 다른 기둥으로 옮기는 과정에서 매우 다양한 규칙을 찾을 수 있다. 이 때 주의할 점은

규칙을 안다는 것과 그 규칙을 표현하는 것은 서로 다른 능력!!

이라는 것이다. 이 책을 읽는 독자들은 하노이 탑의 탐구과정에서 발견하는 규칙들을 논리적인 방법으로 표현할 수 있도록 신경 써 주길 당부한다.

하노이 탑은 간단한 활동을 통해 최소이동횟수의 규칙성을 찾고 이를 수학적으로 표현하는 능력을 기르는데 적합하다.

더 나아가 **변형 하노이 탑**은 '원판을 이동하는 조건'과 '기둥의 수'를 변형하여 보다 깊이 있는 탐구와 논리적 표현하는 과정을 통해 **'수학의 힘'**을 직접 체험할 수 있는 매우 좋은 탐구 주제라 생각한다.

3. 해결해야 할 내용

하노이 탑에 관한 탐구를 진행하기 위해서는 몇 가지 기본적인 수학적 개념에 대한 이해가 필요하다. 이를 통해 여러분의 **'수학 창의성'**은 빛을 발하기 시작할 것이다!

첫째, 수열(등차수열, 등비수열, 계차수열)의 규칙성

하노이 탑에서 조건에 맞게 원판을 다른 기둥으로 옮기는 최소이동횟수는 일정한 규칙을 갖는다. 이런 규칙을 이해하고 표현하기 위해서는 수열, 특히 등차수열과 등비수열, 그리고 계차수열의 개념을 이해하고 표현할 수 있어야 한다.

둘째, 이진법과 삼진법 표현의 이해

하노이 탑에서 원판을 다른 기둥으로 옮기는 최소이동횟수는 '$2^n - 1$'로 표현된다. 즉, 2의 거듭제곱에서 1을 뺀 수들의 성질은 **'이진법 표현'**을 이용하여 규칙성을 탐구할 수 있으며 이를 위해서는 이진법에 대한 기초적인 이해가 필요하다. 또한 **'변형하노이 탑'**에서 다룰 **'인접통행 하노이 탑'**에서 최소이동횟수는 **'삼진법 표현'**을 이용하여 그 규칙성을 깊이 있게 탐구할 수 있다.

셋째, '점화식'의 이해와 표현

하노이 탑뿐만 아니라 변형 하노이 탑에서 원판을 옮기는 최소이동횟수를 찾기 위해서는 원판의 이동과 관련하여 **'점화식표현'**이 불가피하다.

물론 일부 주제에 대해서는 점화식을 사용하지 않고 수열의 규칙성을 발견할 수도 있지만, 이와 같은 방법은 심화된 내용에 대한 탐구능력, 그리고 일반화하는 능력을 계발하기에는 다소 부족함이 있다.

넷째, 기본적인 하노이 탑의 이해 상황

다음에 다룰 **'변형 하노이 탑'**에 대한 깊이 있는 탐구를 진행하기 위해서는 기본 하노이 탑의 규칙성을 정확하게 이해하고 있어야 한다. 충분한 시간을 투자하여 원판을 하나씩 직접 이동해가면서 규칙성을 찾아보기 바란다.

다섯째, 수학적 표현능력

하노이 탑의 규칙성을 깊이 있게 탐구하기 위해서는 아무래도 기호를 사용한 **'수학적 표현'**이 필요하다. 탐구 과정에서 제시되는 몇 가지 수학적 정의 및 표현에 당황하지 말고 자신이 이해할 수 있는 내용까지만 읽고 어려운 내용은 나중에 보아도 크게 상관없다.

4. 누구에게나 '영재성' 이 있다!!

2000년부터 15년 넘게 수학영재교육을 진행해 오면서 느낀 점은 '누구에게나 영재성이 있다.'는 것이다. 단지 사람 안에 내재된 영재성이 밖으로 표출되기 위해서는 어느 정도의 집중과 노력이 필요한 것이다.

이 책은 여러분의 내면에 잠재되어 있는 영재성을 발현시키는데 목적이 있다. 그럼 영재성이란 무엇일까? 먼저 세계적인 영재학자 **렌줄리**는

평균이상의 능력, 과제집착력, 창의성

등의 3가지 영역의 공통부분으로 영재성을 정의하였다.

이와 같은 3가지 영역은 타고나는 것일까? 아니면 후천적인 노력에 의해 충분히 길러질 수 있는 것일까?

많은 교육학자들은 과제집착력은 타고나는 능력이라기보다 경험과 주변 학습 환경의 영향을 받아 습득될 수 있으며, 과제집착력이 강한 학생의 경우에는 특정 과제 또는 주제에 대한 평균이상의 능력과 자기만의 방법으로 문제를 해결하는 창의성은 자연스럽게 신장될 수 있다고 말하고 있다.

따라서 스스로가 문제를 해결하고자하는 **강한 과제집착력**을 갖고자 노력한다면 여러분은 이미 뛰어난 영재성을 보여줄 준비가 되어 있는 것이다.

Chapter

02 하노이 탑의 유래

1. 하노이 탑의 전설
2. 우리에게 남아 있는 시간

Chapter 02 하노이 탑의 유래

누구나 한 번쯤은 들어본 적이 있는 하노이 탑(Tower of Hanoi)의 문제를 처음으로 생각하고 제시한 사람은 프랑스의 수학자 Lucas이다. 1883년 'Claus'라는 이름으로 발표한 그의 저서 **'Récréations mathématiques'**에 다음과 같은 문제를 다루었다.

[Lucas, 구글 이미지]

받침대에 3개의 나무 기둥이 있고, 이 중 하나의 기둥에 반지름의 길이가 다른 8개의 원판이 크기순으로 쌓여있다.

[8개의 원판]

큰 원판을 작은 원판 위에 놓을 수 없고, 한 번에 1개의 원판을 움직여서 8개의 원판을 모두 다른 기둥으로 옮기는 최소이동횟수를 구하여라.

매우 단순하면서도 간단한 문제로 금방 잊혀 질 수 있었던 **'하노이 탑'** 문제가 세상의 주목을 받게 된 것은 수학자 **'파빌(Parville)'**의 덕분이다.

1884년 프랑스의 수학자 **드 파빌(H. de Parville)**이 하노이 탑 문제의 저자 Calus가 수학자 **Lucas**임을 밝혀내고, 예전부터 구전되어 오던 하노이의 탑(Tower of Hanoi)에 관한 전설을 소개하면서 세상에 널리 알려지게 되었다.

1. 하노이 탑의 전설

베트남 하노이의 한 사원에 다이아몬드 막대 3개가 서 있다.
그 중 한 막대에는 구멍 뚫린 64장의 순금으로 된 원판을 크기가 큰 것부터 아래에 놓이도록 하면서 차례대로 쌓아 놓았다.
승려들이 밤낮으로 쉬지 않고 아래의 조건에 맞게 원판을 옮기어 빈 다이아몬드 막대 중 어느 한 곳으로 64개의 원판을 모두 옮기면 세계는 종말을 맞이하게 될 것이다.

원판은 한 번에 한 개씩 옮겨야 하고,
작은 원판 위에 큰 원판을 놓을 수 없다.

지구의 종말이 온다구…?

물론 전설은 전설일 뿐이니…, 아마도 64개의 원판을 모두 다른 기둥으로 옮긴다고 해도 지구가 멸망하는 일은 없을 것이다.

'그래도… 정말 지구의 종말이 온다면!!'

그래! 전설이 실제로 이뤄질지도 모르니 앞으로 얼마의 시간이 남아 있는지 계산해보는 것도 의미 있을 것이다.

[하노이탑의 전설]

2. 우리에게 남아 있는 시간

하노이 탑에서 64개의 원판을 두개의 조건에 따라 다른 기둥으로 옮기는데 걸리는 시간은 얼마일까?

n개의 원판을 규칙에 따라 다른 기둥으로 옮기는 최소이동횟수가 '2^n-1'임을 안다고 가정하면, 64개의 원판을 옮기는 최소이동횟수는

$$2^{64}-1$$

지수로 표현된 이 수가 그렇게 큰 수로 보이지 않을 수 있지만 직접 수를 풀어서 써보면 이야기는 달라진다.

18,446,744,073,709,551,615.

그럼…, 원판을 옮기는데 필요한 시간을 계산해 볼까?!

원판을 옮기는 과정에 실수하지 않고
1초에 1개의 원판을 옮긴다.

위와 같이 가정하면 64개의 원판을 조건에 따라 다른 기둥으로 모두 옮기는데 걸리는 시간은 대략 다음과 같다.

5849억 4241만 7355년

우주의 나이 약 137억년!
지구의 나이 약 45억년!

우리에게 남아 있는 시간은 충분한 것 같다!
또 하나 정말 다행스런 점은 여러분이 64개의 원판을 옮길 필요는 없다는 것이다.
우리의 목표는 조건에 따라 원판을 옮길 때 나타나는 '규칙'을 발견하고 이를 수학적으로 '표현'하는 것이다!

Chapter

03 하노이 탑의 이해

1. 기둥과 원판에 이름 붙이기
2. 대상의 단순화
3. 최소이동횟수의 함수 표현
4. 원판의 이동규칙

03 Chapter

하노이 탑의 이해

하노이 탑의 규칙성을 찾기 위해서는 원판을 직접 하나 하나 옮겨 가면서 **이동규칙**과 **최소이동횟수**를 관찰하는 과정이 반드시 필요하다.

아마도 많은 **'인내심'** 그리고 **'과제집착력'**이 필요하지 않을까 한다.

[하노이탑의 기본규칙]

한 기둥에 크기순으로 쌓여 있는 원판을 아래의 **2가지 조건**에 따라 다른 기둥으로 옮겨 보자.

1. 한 번에 한 개의 원판을 옮긴다.
2. 작은 원판 위에 큰 원판을 놓을 수 없다.

처음부터 많은 개수의 원판을 옮기려 하면 오히려 복잡해 보이고 어렵게 느껴진다. 이런 경우는 원판의 개수가 적은 것부터 옮겨보면서 숨어있는 규칙을 찾아보는 것이 도움이 될 수 있다.

원판의 개수가 1개, 2개, 3개인 경우의 하노이 탑에서 모든 원판을 다른 기둥으로 옮기는 최소이동횟수를 찾아보자!

혹시 하노이 탑을 가지고 있는가?

아무래도 이 책을 읽는 독자들은 옆에 하노이 탑을 두고 원판을 직접 옮겨 가면서 규칙을 찾아보면 도움이 될 것이다.

옆에 하노이 탑이 없는 분들은 머릿속으로 상상하면서 원판을 옮길 수 있는가? 그럼 당신은 영재임이 분명하다.

아무래도 보통 사람들은 머릿속으로 상상하면서 원판을 옮기기 힘들 것이므로 이동횟수에 따른 원판의 위치를 표시할 수 있는 그림을 이용하기 바란다.

필요한 건 단지 필기도구!

원판이 1개인 경우의 최소이동횟수 : [ ]회

원판이 2개인 경우의 최소이동횟수 : [ ]회

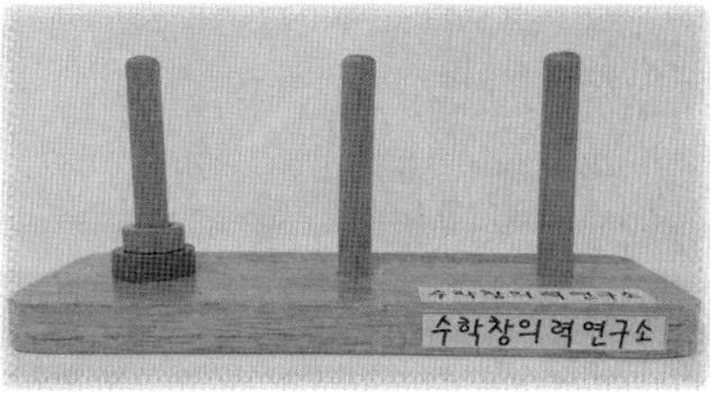

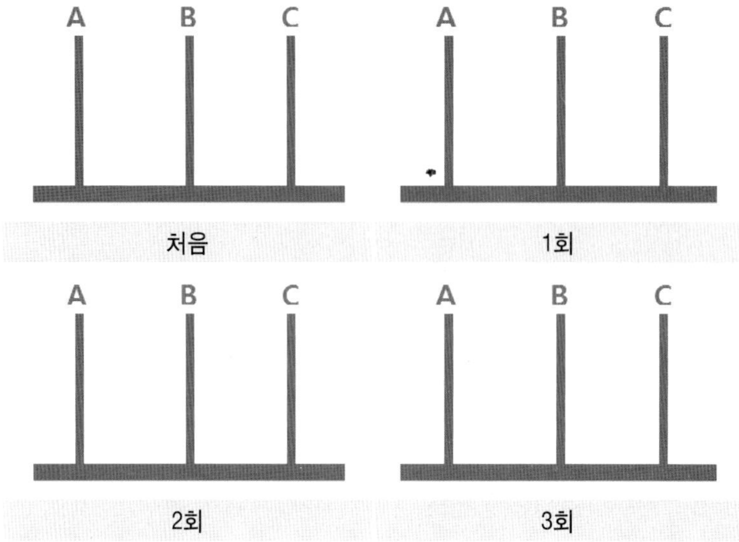

하노이 탑 그림을 이용하는 방법!

하노이 탑이 없는 분... 원판을 옮기는 횟수에 따라 세 개의 기둥 A, B, C에 가로선을 그어 옮겨진 원판을 표현하면 도움이 될 것이다.

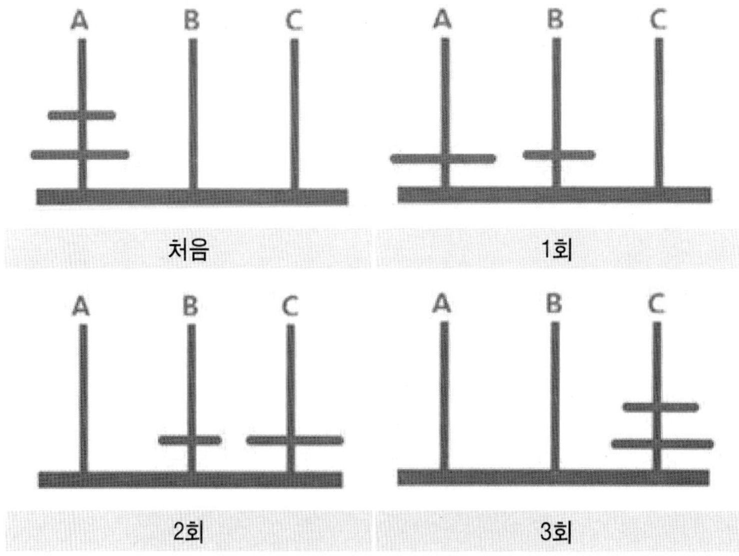

원판이 3개인 경우의 최소이동횟수 : [ ]회

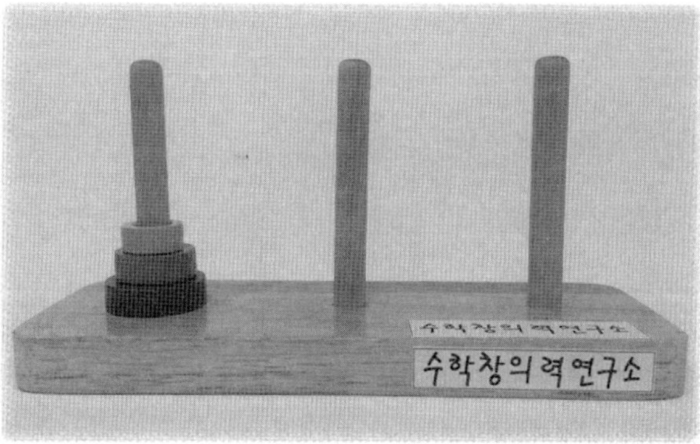

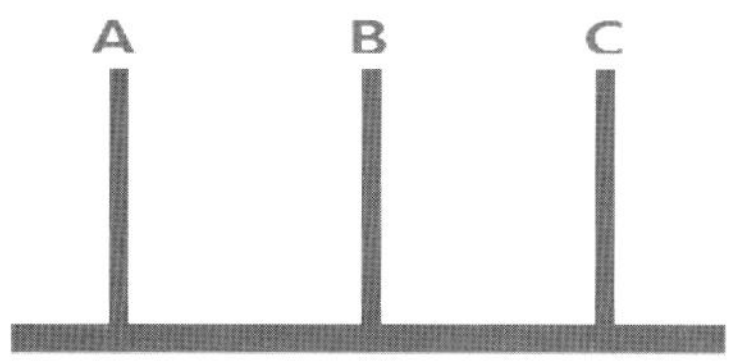

처음

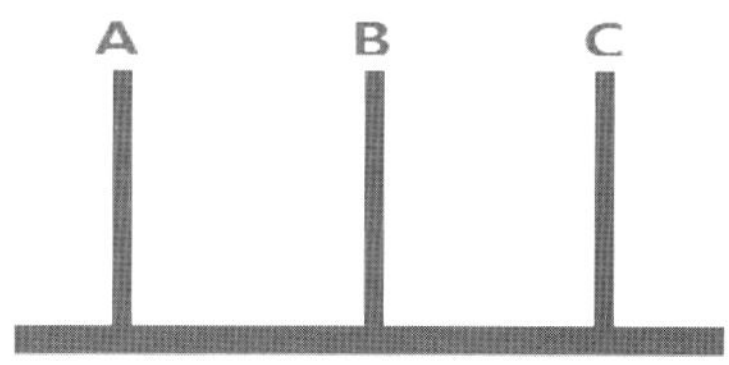

1회

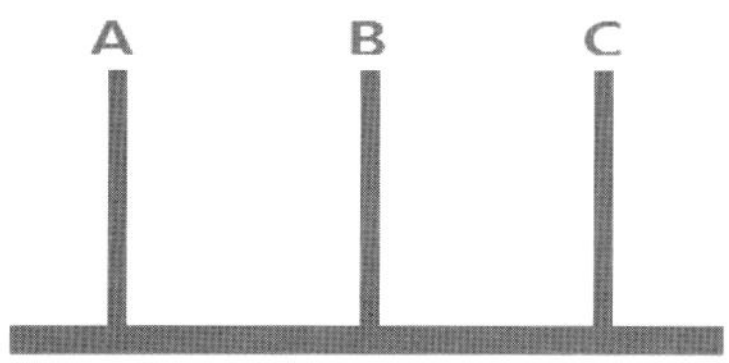

2회

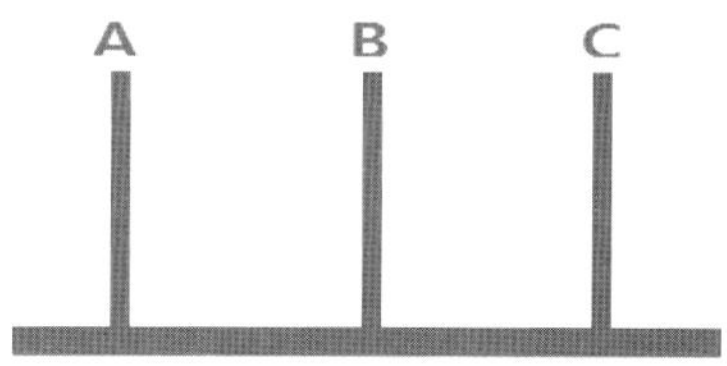

3회

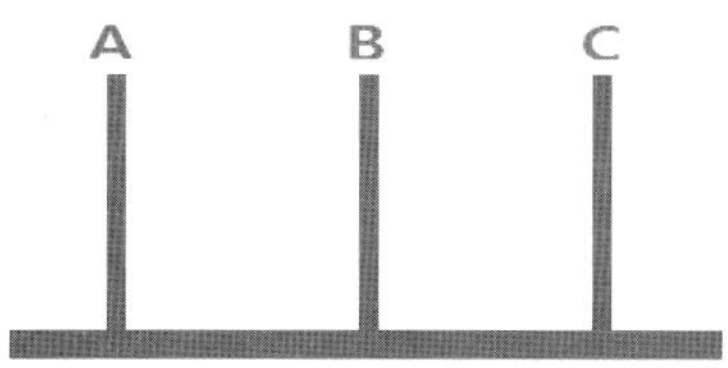

4회

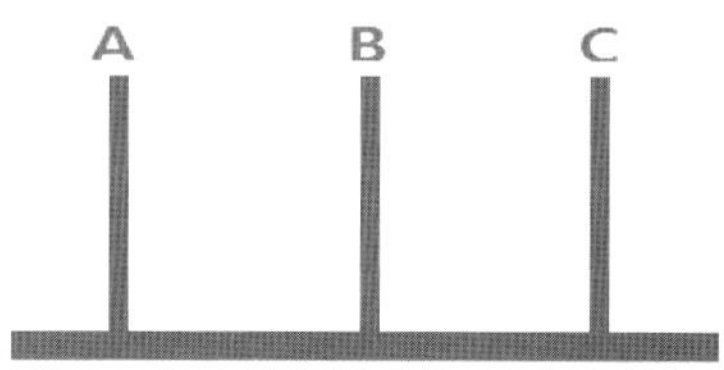

5회

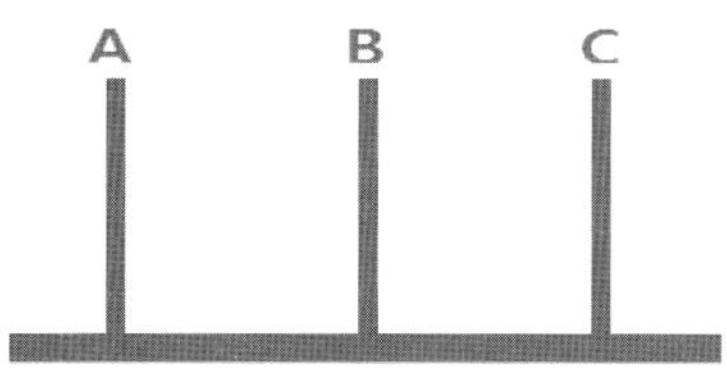

6회

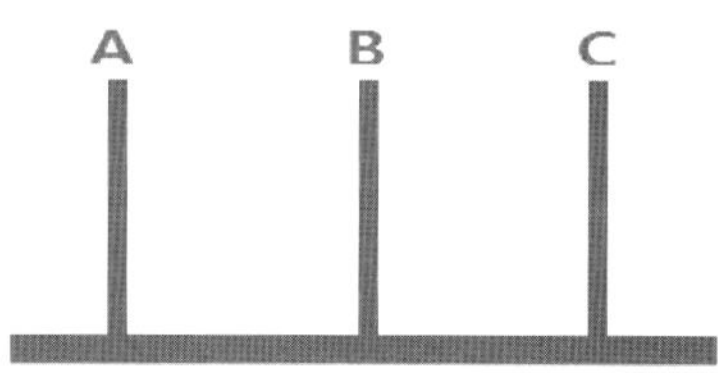

7회

하노이 탑에서 모든 원판을 다른 기둥으로 옮길 때, 이동규칙을 발견하기 위해 먼저 고려해야 할 것이 있다.

첫째, 원판들을 옮길 '목적기둥'을 정하라!

원판이 쌓여있는 기둥을 제외하고 나머지 2개의 기둥 중에서 어떤 기둥으로 원판을 옮길지 '목적기둥'을 정해야 원판이 옮겨지는 일정한 규칙을 찾을 수 있다.

둘째, **'최소이동횟수'**에 집중하라!

처음부터 많은 개수의 원판을 옮기는 경우는 최소이동횟수로 옮기기도 어렵고, 일정한 규칙을 발견하기는 더욱 어렵다. 처음 원판을 옮길 때는 시행착오를 피하기 어렵다. 원판의 개수가 1개, 2개, 3개, … 등과 같이 적은 개수의 원판에서부터 출발하여 원판의 개수를 하나씩 늘려가면서 원판의 이동규칙을 발견하는데 집중해야 한다.

원판의 개수에 대한 '최소이동횟수'는 오직 하나의 값을 가지므로 **'수열'** 또는 **'함수'** 개념으로 표현할 수 있다.

최소이동횟수는 각 원판들의 **'최소이동경로'**가 존재함을 의미하며, **원판을 옮기는데 일정한 규칙**이 있음을 암시한다.

'목적기둥'과 **'최소이동횟수'**를 기억하면서 탐구를 계속 진행해 보자.

원판이 1개, 2개, 3개인 하노이 탑에서 모든 원판을 다른 기둥으로 옮겨 보았는가?

아마도 여러분들은 그리 어렵지 않게 모든 원판을 다른 기둥으로 옮기는 최소이동횟수를 구했을 것이라 믿는다.

그럼 정답을 확인해볼까?

원판의 개수	최소이동횟수
1	1
2	3
3	7

그림을 통해 첫 번째 기둥에 쌓여있는 원판을 최소이동횟수로 세 번째 기둥으로 옮기는 과정을 그림으로 확인해보자.

원판이 1개인 경우 : 최소이동횟수 1

1회

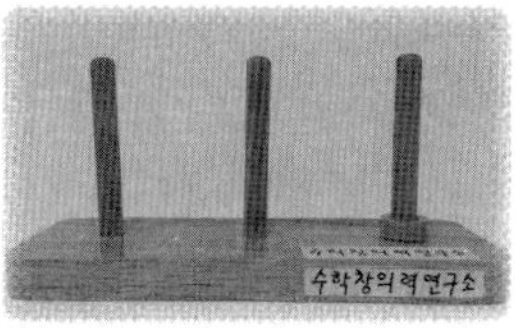

원판이 2개인 경우 : 최소이동횟수 3

1회	2회	3회
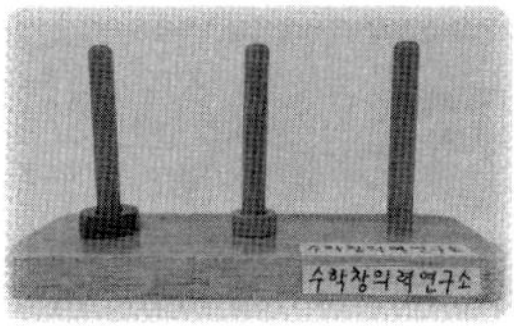		

원판이 3개인 경우 : 최소이동횟수 7

1회

2회

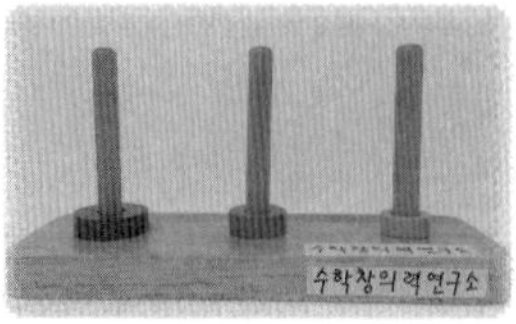

3회

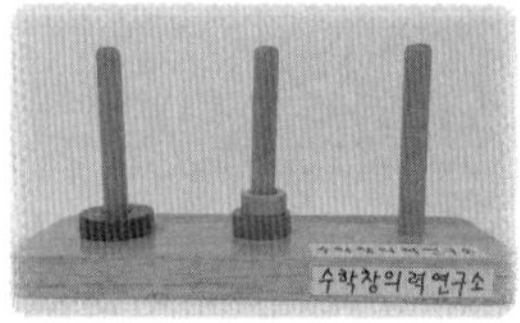

4회

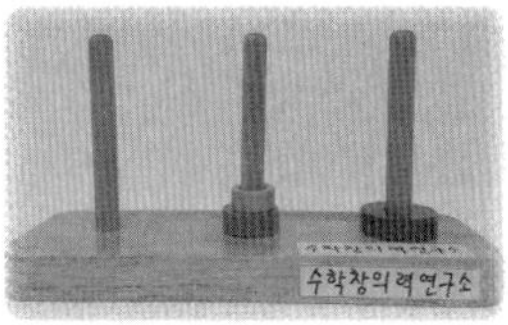

5회

6회

7회

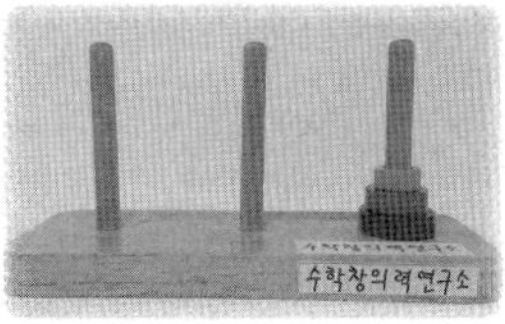

3개의 원판까지 정확하게 최소이동횟수로 옮겼다면 매우 훌륭하다고 할 수 있다. 하지만 보다 많은 원판이 있는 하노이 탑에서 정확한 최소이동횟수를 얻기 위해서는 좀 더 큰 인내심이 필요하다!

원판을 옮기는 과정을 숙달하고, 원판이 옮겨지는 규칙을 파악하기 위해서는 원판이 4개, 5개, 6개까지는 직접 원판을 옮겨가면서 최소이동횟수를 찾아 보길 바란다.

이 때, 주의할 점!!

여러분이 이미 알고 있는 최소이동횟수 '2^n-1'은 잠시 잊어주길.

수학탐구를 진행할 때 꼭 기억해야 할 것은 탐구 결과 보다는 탐구 과정이 더 중요하다는 사실!!!

원판이 4개인 경우의 최소이동횟수 : [   ]회

처음

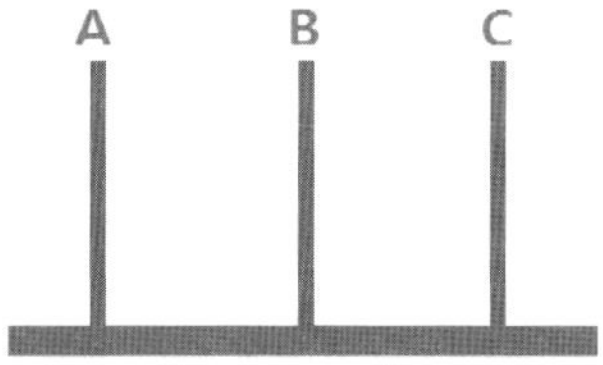

1회

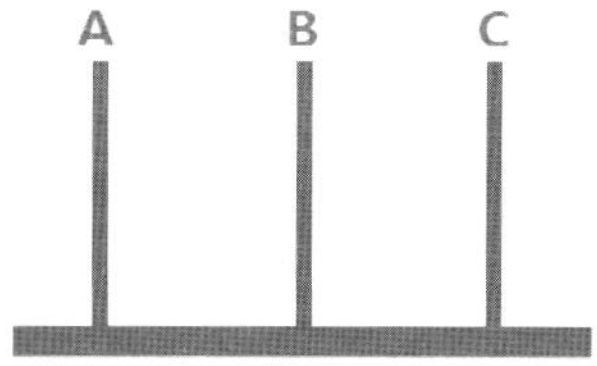

2회

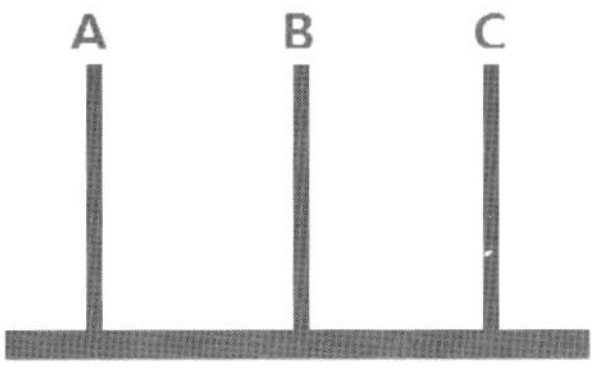

3회

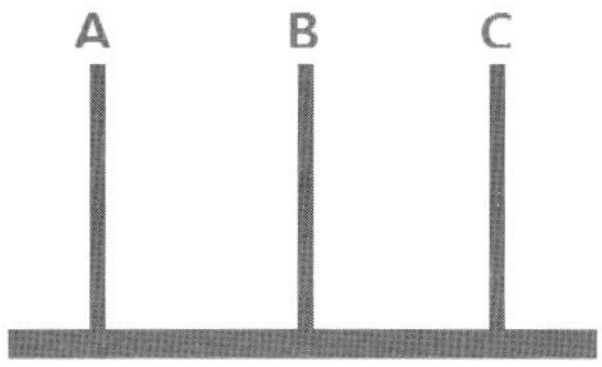

4회

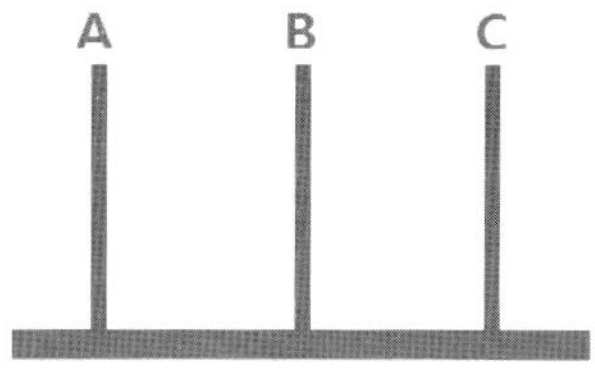

5회

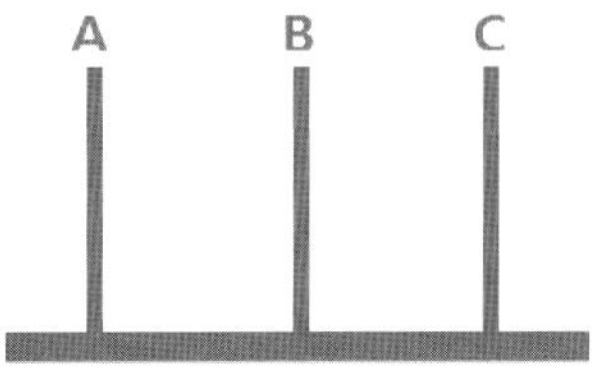

6회

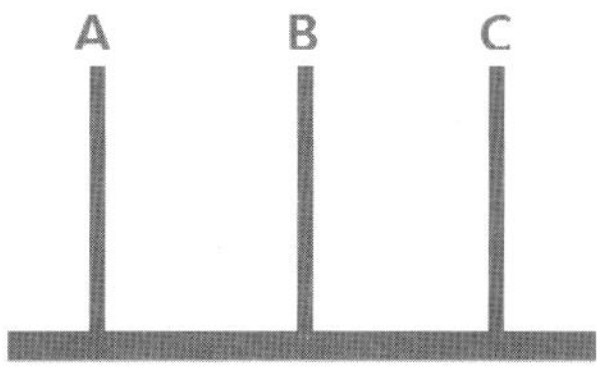

7회

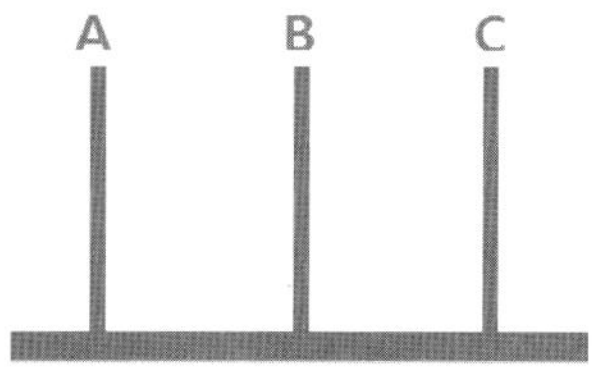

8회

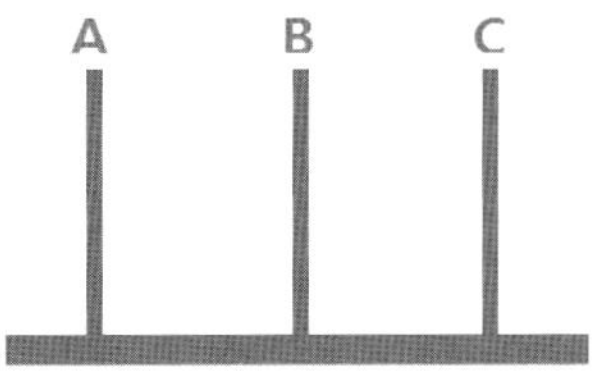

9회

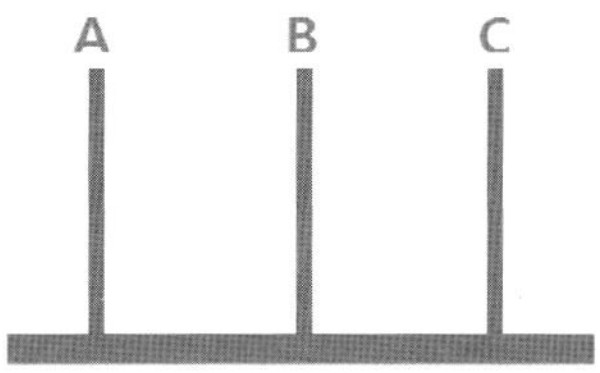

10회

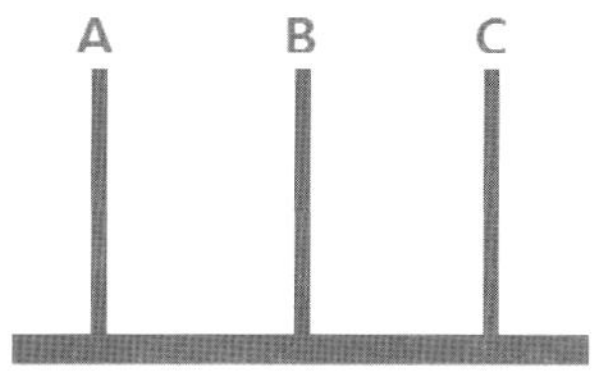

11회

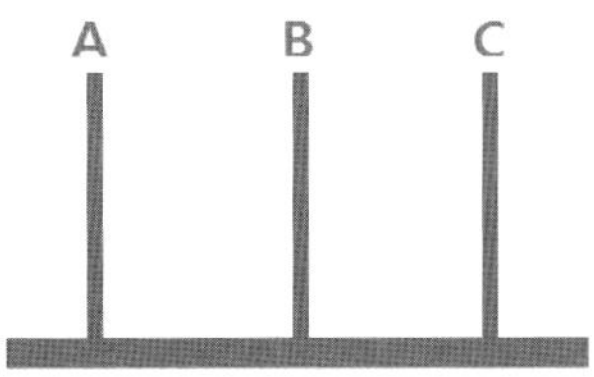

12회

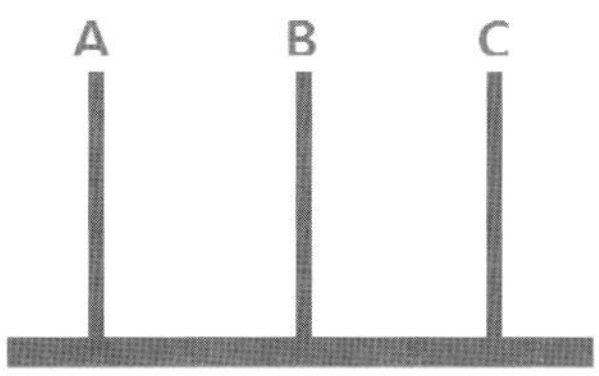

13회

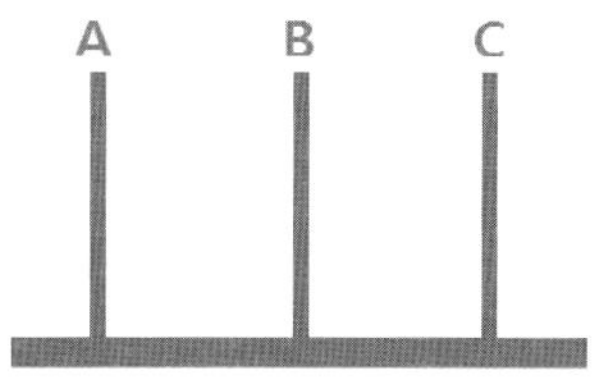

14회

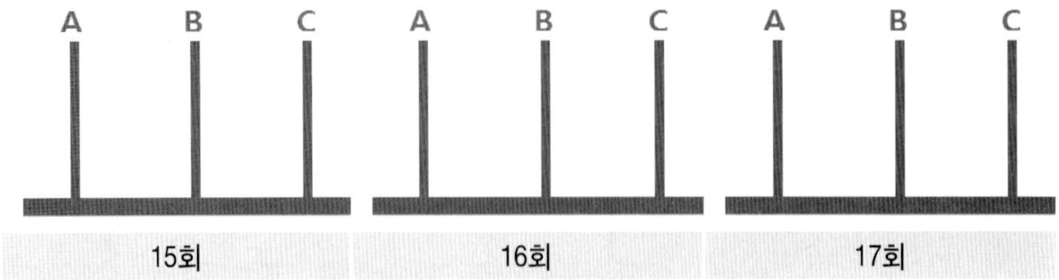

원판이 5개인 경우의 최소이동횟수 : [　　]회

원판이 6개인 경우의 최소이동횟수 : [　　]회

원판의 개수가 5개, 6개인 경우에는 모든 원판을 다른 기둥으로 옮기는 최소이동횟수가 큰 편이라 이동횟수를 표시하는 그림을 보여주기에는 무리가 있다.

좀 불편하겠지만 하노이 탑을 가지고 직접 옮겨보거나 하노이 탑이 없는 분들은 나중에 제시되는 최소이동횟수를 이용하여 규칙성을 찾아보기 바란다.

원판이 4개, 5개, 6개인 경우의 최소이동횟수를 찾았는가?

그렇다면 여러분의 인내심에 박수를 보낸다.

여러분이 찾은 최소이동횟수가 정확한지 아닌지는 잠시 후에 자연스럽게 확인해볼 수 있을 것이다.

그보다 먼저 하노이 탑의 규칙성 탐구를 시작하기 위해서는 **'2가지 준비 작업'**이 필요하다. 아마도 원판을 직접 옮겨 보면서 아래의 **2가지 조건**이 필요함을 절실히 느꼈으리라 생각한다.

첫째, 원판과 기둥의 이름 붙이기

둘째, 최소이동횟수의 표현

1. 기둥과 원판에 이름 붙이기

탐구를 시작할 때 흔히 겪는 혼란을 피하면서 표현을 매끄럽고 논리적으로 하는 방법이 **'대상에 명확한 이름 붙이기(정의)'**이다.

여러분들이 한번쯤 들어본 시의 한 구절을 떠올려 보자!

그의 이름을 불러주었을 때

그는 나에게로 와서 꽃이 되었다!

[원판과 기둥에 이름 붙이기]

하노이 탑에서 원판과 기둥의 이름을 불러주면 하노이 탑이 여러분에게 의미 있는 **'꽃'**으로 다가올 것이다! 하노이 탑을 처음 보는 사람들뿐만 아니라 여러 번 사용한 사람들도 3개의 기둥을 **'이 기둥'**, **'저 기둥'**, **'요 기둥'**이라 부른다. 다행히도 기둥의 개수가 3개라서 다행이지만, 나중에 기둥의 개수를 4개 이상으로 늘리면 기둥의 이름을 어떻게 부를지 궁금해진다.

개수가 3개뿐인 기둥과는 달리 반지름의 길이가 다른 원판의 개수는 더 많다. 보통 인터넷에서 하노이탑을 구입하여 개봉하면 원판마다 다른 색이 칠해져 있어서 원판을 '색'의 이름으로 부르는 경우가 많다.

이기둥에 있는 노란 원판을 저기둥으로 옮기세요!!

뭔가 어색할 뿐만아니라 위와 같은 표현으로는 정확한 의미를 전달하기 어렵다는 것을 느꼈을 것이다.

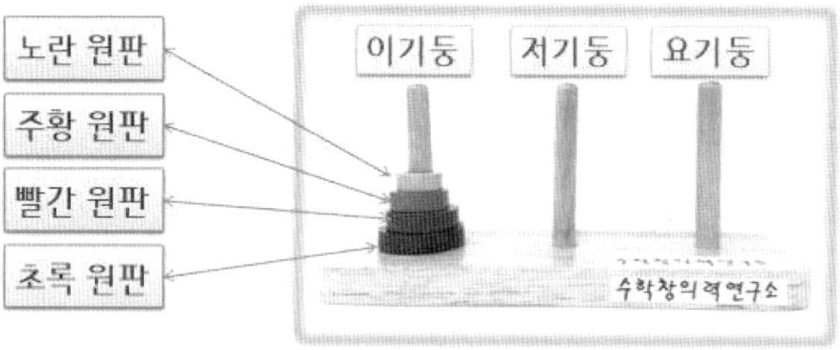

이번에는 이기둥, 저기둥, 요기둥 대신에 왼쪽 기둥부터 **'기둥 A'**, **'기둥 B'**, **'기둥 C'**이라 기둥의 이름의 붙여보자! 이와 같이 기둥에 이름을 붙이면 아래 그림에서

기둥 A에 4개의 원판이 크기 순으로 쌓여 있다.

라는 표현이 가능하고 의미의 전달이 명확해진다. 더군다나 나중에 기둥의 개수를 4개 이상으로 늘려서 변형하노이탑을 탐구할 때 기둥의 이름을 '기둥 D', '기둥 E' 등으로 붙일 수 있다.

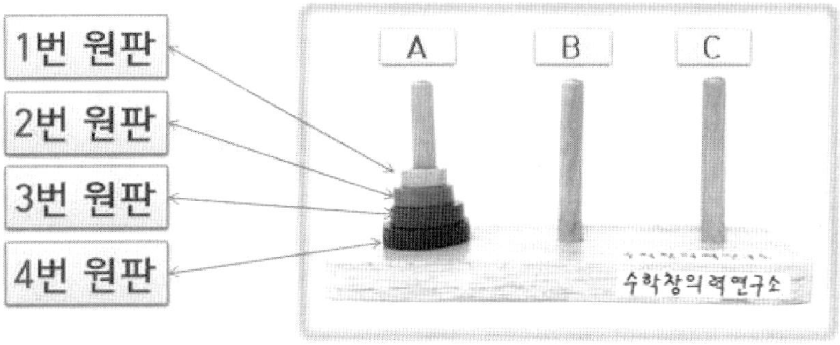

다음으로, 우리가 옮겨야 하는 **'원판'**에도 이름을 붙여보자.

매번 서로 다른 개수의 원판을 사용하고, 크기가 작은 원판이 맨 위에 놓이는 성질을 이용하자면 원판의 이름은 **'번호(Number)'**를 붙이는 것이 효과적이다.

즉, 맨 위의 작은 원판을 **[1번 원판]**, 그 아래의 원판을 **[2번 원판]**, ··· 위에서 n번째 원판을 **[n번 원판]**이라 부르자.

기둥과 원판에 각각의 이름을 붙여주고, 이름을 불러주면 하노이 탑은 여러분에게 다가와 아름다운 **'꽃'**이 되어 줄 것이다!

본격적으로 하노이 탑의 성질을 탐구하기 위한 여행을 떠나기 전에 좀 더 쉬우면서도 **'효율적인 탐구 방법'**을 하나 안내하고자 한다.

그건 바로~ 탐구 대상의 **'단순화!'**

2. 대상의 단순화

어떤 대상의 **'성질'** 또는 **'규칙성'**을 탐구할 때 매우 유용한 방법 중의 하나가 탐구 대상의 **'단순화'**이다.

예를 들어, 처음부터 원판이 8개인 하노이 탑을 놓고 8개 모두 다른 기둥으로 옮기는 시도를 하는 것 보다는 원판의 개수가 적은 것부터 시도하면 이해가 쉽고 숨어있는 규칙성을 발견하는데 도움이 된다.

⇒

8개의 원판	2개의 원판

이와 같은 **'단순화 개념'**은 어렵고 복잡해 보이는 수학문제를 해결하는데 매우 유용한 방법으로, 다른 문제를 풀 때도 적용해 보기 바란다.

3개의 기둥이 있는 하노이 탑에서 **기둥** A에 2개의 원판을 **기둥** C로 옮기는 경우를 생각해보자.

1회	2회	3회
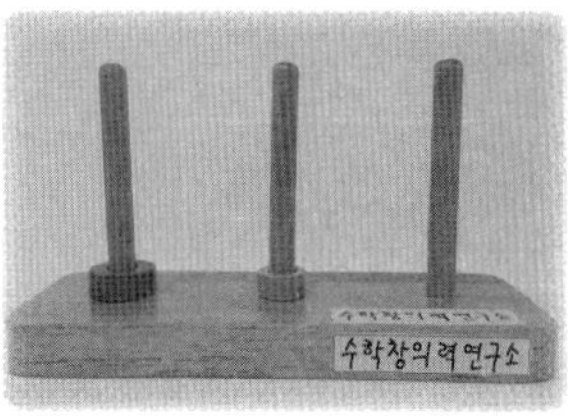		

그림에서 보듯이

1회 : [1번 원판]은 기둥 B**로**

2회 : [2번 원판]은 기둥 C

3회 : 다시 [1번 원판]은 기둥 C

로 옮기는 최소이동경로가 존재한다.

누구나 쉽게 최소이동횟수로 2개의 원판을 옮길 수 있을 것이다.

[하노이탑 단순화]

그렇다면 **이 때 발견할 수 있는 규칙은 무엇인가?**

원판의 개수가 2개인 경우에는 너무나 쉽고 명백하여 오히려 숨겨진 수학적 규칙성을 발견하기 어렵다고 느낄 것이다.

아니면 발견할 만한 규칙성이 없다고 생각하거나···

다시 조건을 살펴보자!

조건 : 기둥 A에 있는 2개의 원판을 기둥 C로 옮기는 최소이동횟수

자! 이제 숨어 있는 규칙이 보이는가?

아직도 규칙이 보이지 않는다면···, 1회 시행에서 [1번 원판]을 **기둥** B로 옮겨보고, 나중에는 [1번 원판]을 **기둥** C로 옮겨 본 후에 그 결과를 관찰해 보라!

숨겨진 규칙 : 기둥 A에 있는 2개의 원판을 기둥 C로 옮기기 위해서는 1회 시행에서 [1번 원판]은 반드시 기둥 B로 이동해야 한다.

숨겨진 규칙을 이해했는가?

그렇다면 여러분들은 하노이 탑을 탐구할 준비가 되어 있으며, 이 책을 읽는 동안 적당한 집중력과 노력을 통해 매우 다양한 규칙을 발견하고 이를 표현할 수 있을 것이다.

3. 최소이동횟수의 함수 표현

하노이 탑의 탐구과정에서 변경될 수 있는 대상은 **'기둥의 개수'**와 **'원판의 개수'**이다.

물론 일반적으론 기둥이 3개인 하노이 탑을 주로 다루지만 여러분들의 수학적 지식과 탐구능력이 신장되면 기둥의 개수를 4개 이상으로 늘려가면서 규칙을 탐구할 수 있게 될 것이다.

그렇다면 **'기둥이 3개이고 원판의 개수가 4개인 하노이 탑'**과 **'기둥이 4개이고 원판의 개수가 6개인 하노이 탑'**에서 각각의 원판을 모두 다른 기둥으로 옮기는 **최소이동횟수**를 좀 더 간단히 표현할 수 있는 방법이 있을까?

기호를 사용하여 의미를 충분히 전달하면서도 쉽게 설명할 수 있는 **수학적 표현 방법**

이 있다.

'기둥의 개수'와 **'원판의 개수'**를 **독립변수로 하는 함수**를 생각해보자!

예를 들어, 기둥의 개수가 p, 원판의 개수가 n인 하노이 탑에서 n개의 원판을 조건에 따라 다른 기둥으로 모두 옮기는 최소이동횟수를 함수를 T라 하면

$$T(p,\ n)$$

으로 표현할 수 있다.

정의 1

p개의 기둥이 있는 하노이 탑(Tower of Hanoi)에서 한 기둥에 있는 n개의 원판을 다른 기둥으로 모두 옮기는 최소이동횟수를 $T(p,n)$이라 하자.

예를 들어, 기둥이 3개이고 원판의 개수가 n개인 하노이 탑에서 원판을 옮기는 최소이동횟수는 $T(3,n)$으로 표현할 수 있다.

즉, 기둥이 3개이고 원판의 개수가 각각 1개, 2개, 3개인 하노이 탑에서 원판을 다른 기둥으로 옮기는 최소이동횟수는

$$T(3,1)=1,\ \ T(3,2)=3,\ \ T(3,3)=7$$

임을 알 수 있다.

기둥의 개수를 원판의 개수와 함께 표기하는 이유는 '변형 하노이 탑'에서는 기둥의 개수를 4개 이상으로 늘려서 규칙성을 탐구할 것이기 때문이다.

예를 들어, **기둥이 4개이고 원판이 3개인 하노이 탑**의 최소이동횟수는

$$T(4,\ 3)$$

물론…, 기둥의 개수를 늘릴 계획이 없는 경우에는 그냥 $T(n)$으로 사용해도 무방하다.

$$T_{A \to C}(3,\ 4) = ?$$

기둥이 3개인 하노이 탑에서 주어진 조건에 따라 **기둥 A**에 있는 4개의 원판을 **기둥 C**로 옮기는 최소이동횟수를 생각해보자.

하노이 탑에서 원판의 이동규칙을 발견하기 위해서는 원판을 옮기고자 하는 '목적기둥'을 미리 정하는 것이 중요하다. 즉, 기둥 A에 있는 원판을 기둥 B로 옮길지, 기둥 C로 옮길지 미리 정하면 하노이 탑에서 가장 중요한 '원판의 기우성'을 포함해서 매우 중요한 규칙들을 발견할 수 있다. 기둥 C가 목적기둥일때 기둥 B는 '목적이 아닌 기둥'이라 부른다.

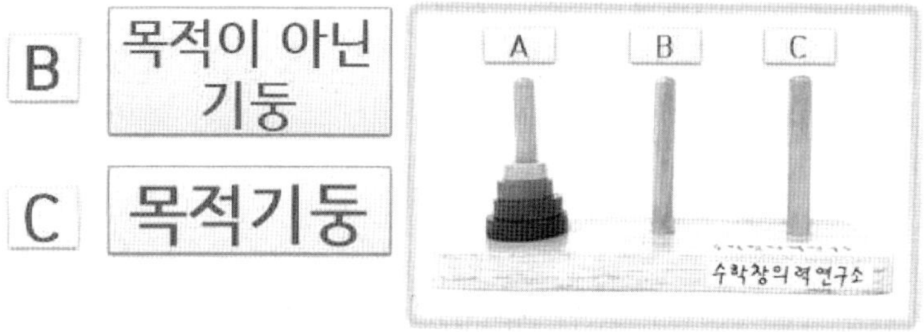

정의 2

$T_{A \to B}(3,n)$: 3개의 기둥이 있는 하노이 탑에서 기둥 A에 있는 n개의 원판을 기둥 B로 옮기는 최소이동횟수

$T_{A \to C}(3,n)$: 3개의 기둥이 있는 하노이 탑에서 기둥 A에 있는 n개의 원판을 기둥 C로 옮기는 최소이동횟수

예를 들어, 기둥 A에 있는 4개의 원판을 기둥 B로 옮길 때와 기둥 C로 옮길 때의 최소이동횟수는 각각

$$T_{A\to B}(3,4),\ T_{A\to C}(3,4)$$

로 표현할 수 있으며, 이 때, $T_{A\to C}(3,\ 4)$와 $T_{A\to B}(3,4)$은 **같은 값을 가지**면서도 **서로 다른 규칙**을 가지고 있다.

또한 하노이 탑의 대칭성에서 다음의 식이 성립함을 알 수 있다. (하노이 탑에서 기둥 A와 기둥 C를 바꾸어도 같은 성질을 갖는다.)

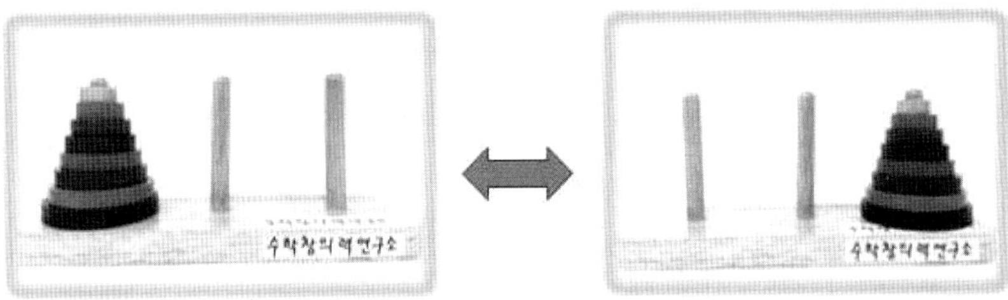

$$T_{A\to C}(3,\ n) = T_{C\to A}(3,\ n)$$

$$T_{A\to B}(3,\ n) = T_{C\to B}(3\ ,n)$$

$$T_{B\to A}(3,\ n) = T_{B\to C}(3,\ n)$$

여러분의 이해를 돕기 위해 간단한 Quiz를 풀어보도록 하자!

Quiz 1.

$T_{A\to C}(3,\ 4)$와 $T_{A\to B}(3,\ 4)$의 '공통점'과 '차이점'은 무엇인가?

기둥 A에 크기순으로 쌓여있는 4개의 원판을 기둥 C로 옮기는 경우와 기둥 B로 옮기는 경우의 최소이동횟수를 각각 구해보자!

공통점

결론부터 말하자면 **최소이동횟수가 같다.** 즉,

$$T_{A\to C}(3,\ 4)=T_{A\to B}(3,4)$$

원판이 4개일 때 뿐 만 아니라 원판의 개수가 1개, 2개, 3개인 경우도 최소이동횟수가 같음을 알 수 있다.

$$T_{A\to C}(3,\ 1)=T_{A\to B}(3,\ 1)=1$$
$$T_{A\to C}(3,\ 2)=T_{A\to B}(3\ ,2)=3$$
$$T_{A\to C}(3,\ 3)=T_{A\to B}(3,\ 3)=7$$

그렇다면··· 앞의 결과를 이용하여 n개의 원판을 옮기는 최소이동횟수도 같다고 할 수 있을까?

$$T_{A\to C}(3,\ n)=T_{A\to B}(3,\ n)\cdots ?$$

왠지 같을 것 같긴 한데···, 그냥 같다고 말하기에는 뭔가 아쉬움이 남지 않는가?

몇 개의 원판을 직접 옮겨가면서 얻은 결과가 같다고 해서 모든 n에 대해서 성립한다고 말할 수는 없다. 그렇다면 수열에서 몇 개의 항에서 우리가 찾은 규칙이 항상 성립함을 증명할 수 있는 방법은 무엇일까?

이에 대한 답을 찾거나 논리적으로 설명하는 것이 쉽지는 않다. 여기에서는 수열의 점화식 표현으로 이에 대한 답을 설명하고자 한다. 수열에서 인접한 항들 사이에 존재하는 규칙을 찾고 이를 이용하여 관계식을 만들 수 있을 때, 그 관계식을 점화식이라 부른다. 점화식을 찾고 그 점화식을 이용하여 일반항을 구하는 과정은 대표적인 사례를 들어 설명할 예정이다.

차이점

각 경우에서 1회 시행에서 [1번 원판]이 옮겨지는 기둥의 위치가 다르다. 즉,

$T_{A \to C}(3,\ 4)$를 구하는 과정 :

[1번 원판]은 기둥 A에서 기둥 B로 옮겨진다.

$T_{A \to B}(3,4)$를 구하는 과정 :

[1번 원판]은 기둥 A에서 기둥 C로 옮겨진다.

실제 기둥 A에 쌓여 있는 원판을 옮길 때 옮기고자 하는 기둥을 미리 정하게 되면 1회 시행에서 [1번 원판]이 옮겨지는 기둥이 정해지며 이에 따라서 나머지 원판들도 일정한 경로가 결정됨을 알 수 있다.

이와 같이 기둥에 쌓여 있는 원판의 개수와 옮기고자 하는 기둥에 따라 [1번 원판]의 경로가 결정되는 성질을 **'원판의 기우성'**이라 한다.

이 성질은 이 책의 후반부에서 좀 더 자세하게 다룰 예정이다.

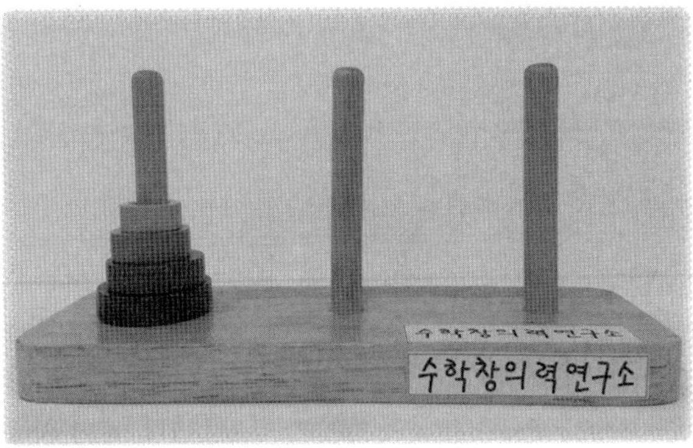

위 그림과 같이 **기둥 A**에 있는 4개의 원판을 **기둥 C**로 옮길 때, [1번 원판]부터 [4번 원판]까지 하나하나의 원판을 조건에 맞게 옮겨 보자.

이 때 중요한 점은 원판들이 옮겨지는 **'규칙'**이 무엇인지 찾는 것이다.

원판이 4개인 하노이 탑의 최소이동횟수 : $T(3,\ 4) =$?

1회

2회

3회

4회

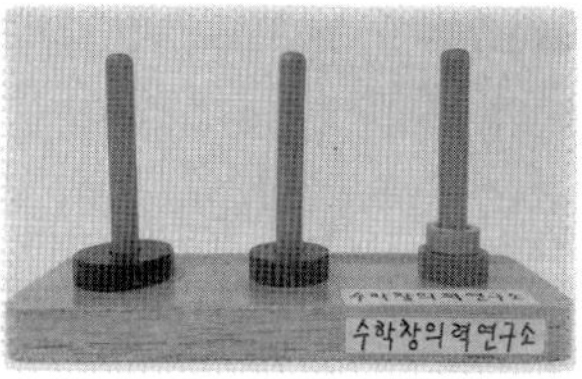

5회

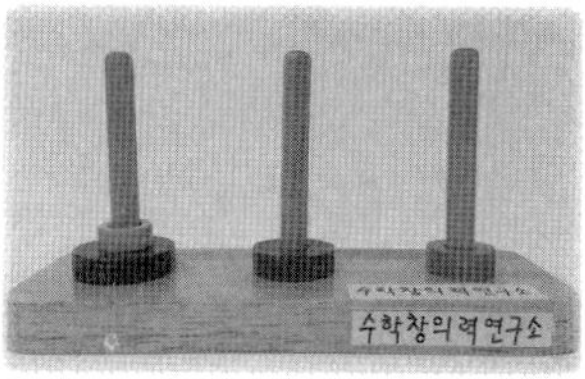

6회

7회

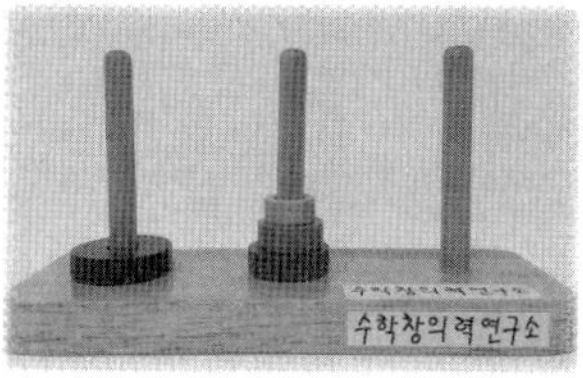

8회

9회

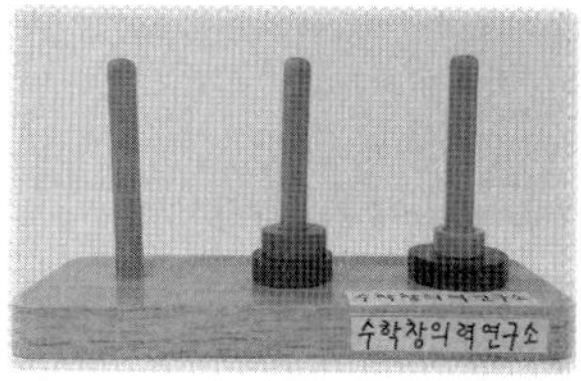

10회

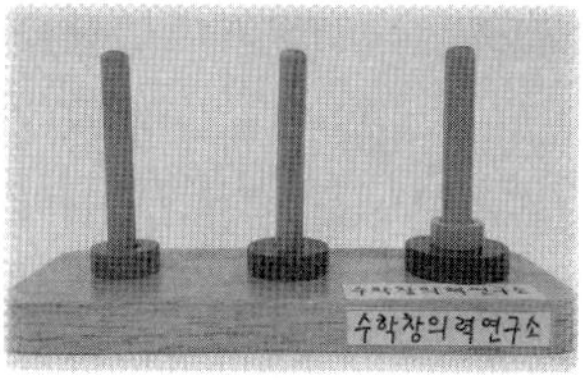

11회

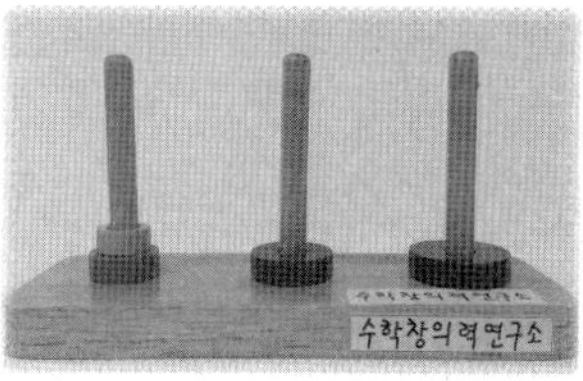

12회

13회

14회

15회

그림에서 $T(3,4) = 15$ 임을 알 수 있다.

원판이 5개인 하노이 탑의 최소이동횟수 : $T(3,\ 5) =$ 31

1회

2회

3회

4회

5회

6회

7회

8회

9회

10회

11회

12회

13회

14회

15회

16회

17회

18회

19회

20회

21회

22회

23회

24회

25회

26회

27회

28회

29회

30회

31회

그렇다면 6개의 원판을 다른 기둥으로 옮기는 최소이동횟수는 얼마일까?

결론부터 말하자면 아래와 같다.

원판이 6개인 하노이 탑의 최소이동횟수는

$$T(3,6) = \mathbf{63}$$

원판이 6개 이상인 경우에는 모든 시행을 그림으로 보여주기에는 최소이동횟수가 매우 크다.

따라서 원판의 개수가 1개 ~ 5개인 경우의 그림을 참고하여 원판이 옮겨지는 규칙을 찾아보고 6개의 원판을 직접 최소이동횟수로 옮겨보길 바란다.

정확하게 4개, 5개, 6개의 원판을 모두 옮겼다면 이제 다음 단계로 진행할 준비가 된 것이다.

그러나 돌다리도 두드려 보고 건너라는 속담이 있듯이 여러분이 원판의 이동규칙을 어느 정도 이해했는지 확인해 보는 것이 좋을 듯하다.

4. 원판의 이동규칙

원판이 옮겨지는 일정한 규칙을 발견하였는가?

좀 더 단순화하여 원판의 개수가 6개인 하노이 탑에서 찾을 수 있는 몇 가지 규칙을 Quiz를 풀어보면서 찾아보도록 하자!

처음에는 좀 쉬운 문제부터 시작해보자!

다음 주어지는 그림은 기둥 A에 있는 6개의 원판을 최소이동횟수로 기둥 C에 옮기는 과정의 일부이다. 물음에 답해보자.

Quiz 2.

아래 그림은 몇 번째 시행을 나타내는가? [ ]번째

앞의 그림은 3개의 원판을 가운데 기둥으로 옮겨놓은 것으로 3개의 원판을 다른 기둥으로 옮기는 최소이동횟수 $T(3,3)=7$임을 알 수 있다.

이 그림의 다음 시행에 옮겨질 원판은 [4번 원판] 일 것이다.

Quiz 3.

아래 그림에서 다음 시행에 옮겨질 원판을 말하고 그 원판이 어느 기둥으로 가야 하는지 설명하여라.

위 그림은 6개의 원판을 최소이동횟수로 옮기는 과정 중의 **'8번째'** 시행 후의 모습이다.

기둥 A에 있는 [5번 원판], [6번 원판]은 움직일 수 없고 기둥 C의 [4번 원판]은 바로 전 시행에서 이동하여 다시 기둥 A로 가면 최소이동횟수가 안 된다.

따라서 **기둥 B에 있는 [1번 원판]**이 옮겨져야 한다.

다음으로…, 기둥 B에 있는 3개의 원판을 기둥 C로 옮기기 위해서는 **[1번 원판]이 어느 기둥으로 가야 하는지**를 결정해야 한다.

위 그림과 같이 기둥 B에 3개의 원판을 놓고 3개 모두 기둥 C로 옮기는 과정을 생각하면 도움이 된다.

물론 **직접 원판을 옮겨 보지 않아도 [1번 원판]이 옮겨질 기둥은 '기둥 C'임을 알 수 있다.**

어떻게 알 수 있느냐고**...**? 이 책을 계속 읽다보면 여러분이 직접 그 이유를 발견하게 될 것이다.

Quiz 4.

아래 그림은 몇 회 시행 후를 나타내는가? [ ]회

그림을 한 번 보고 바로 시행횟수를 말할 수 있다면 당신은 이미 **'하노이 탑 전문가'** 이다. 좀 복잡해 보이는 위 그림의 시행횟수를 정확히 알기 위해서는 **'시행횟수를 알고 있는' 이전 단계**를 생각할 필요가 있다.

여러분은 앞의 그림이 몇 번째 시행인지 알 수 있을 것이다.

- 기둥 B에 5개의 원판을 옮기는 횟수 $2^5 - 1 = 31$

- 기둥 C에 [6번 원판] 1개의 원판을 옮기는 횟수 1

따라서 위 그림은 $31 + 1 = 32$**번째 시행 후를 보여준다.**

다시 **〈Quiz 4〉**의 그림을 보면, 기둥 C의 [1번 원판]과 [2번 원판] 2개를 기둥 A로 옮기면 되므로 시행횟수는

$$T(3,5) + 1 + T(3,2) = 31 + 1 + 3 = 35$$

Quiz 5.

기둥 A에 있는 6개의 원판을 기둥 C로 모두 옮길 때 '가장 많이 움직이는 원판'과 '가장 적게 움직이는 원판'을 찾고 각각 몇 번 움직이는지 말하여라.

원판이 6개인 하노이 탑의 그림을 보자!

좀 더 집중해서 관찰해보면 6개의 원판 각각이 움직인 횟수를 모두 구할 수 있다. 아마도 이 책을 읽다 보면 각 원판이 움직인 횟수를 정확히 계산할 수 있을 것이다.

다시 **〈Quiz 5〉**의 질문에 집중해 보자!

기둥 A에 있는 6개의 원판을 기둥 C로 옮기는 최소이동횟수는

$$2^6 - 1 = 63$$

최소이동횟수 **63**은

[1번 원판]부터 [6번 원판]까지 6개의 원판이 움직인 횟수의 합

이다. 따라서 각 원판이 옮겨진 횟수를 구하는 방법은 매번 시행에서 옮겨지는 원판이 무엇인지 관찰해보면 된다.

시행횟수	움직인 원판
1회	1번
2회	2번
3회	1번
4회	3번
⋮	⋮
62회	2번
63회	1번

앞의 표를 관찰해보면 행횟수가 **'홀수'**일 때는 **[1번 원판]**이 움직이고 시행횟수가 **'짝수'**일 때는 나머지 원판이 일정한 규칙으로 움직인다.

따라서 가장 많이 움직이는 원판은 **[1번 원판]!!!**

그럼 가장 적은 횟수로 움직이는 원판은 무엇일까?

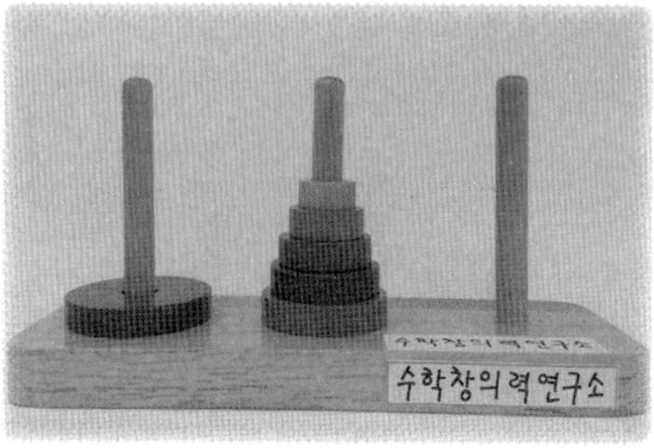

그림에서 보듯이 **[6번 원판]**은 오직 **1회** 움직인다.

한참을 기다렸다가 우아하게 1회 움직이는 모습에서 왠지 한 나라의 **'왕'**이 떠오르지 않는가?

맞다! 하노이 탑에서 원판을 이동시키는 규칙을 발견할 때 가장 중요한 역할을 하는 것이 바로 **'제일 큰 원판'** 즉, **[n번 원판]**이다.

다음으로 [n번 원판]이 움직일 수 있는 조건을 살펴보자!

오직 한 번의 이동!! [n번 원판]이 한 번 움직일 수 있는 조건은 무엇일까?

이를 발견하기 위해서는 나머지 $(n-1)$개의 원판이 어떤 기둥에, 어떻게 위치해야 하는지를 생각해 봐야 한다.

Quiz 6.

기둥 A에 있는 제일 큰 [n번 원판]이 기둥 C로 옮기기 위해서 [1번 원판]부터 [$(n-1)$번 원판]은 어떻게 놓여 있어야 하는가?

단순화 : 6개의 원판이 있는 경우

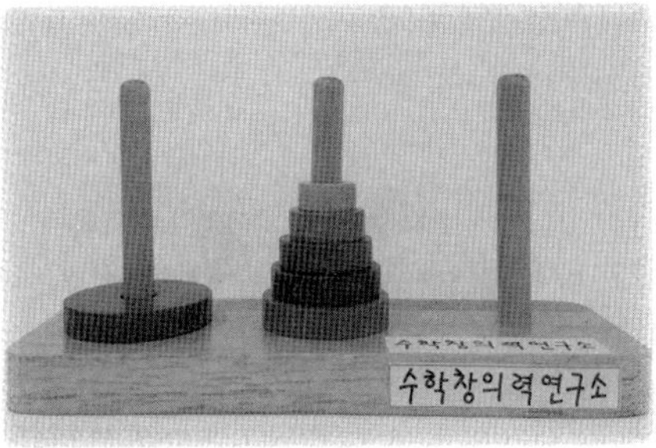

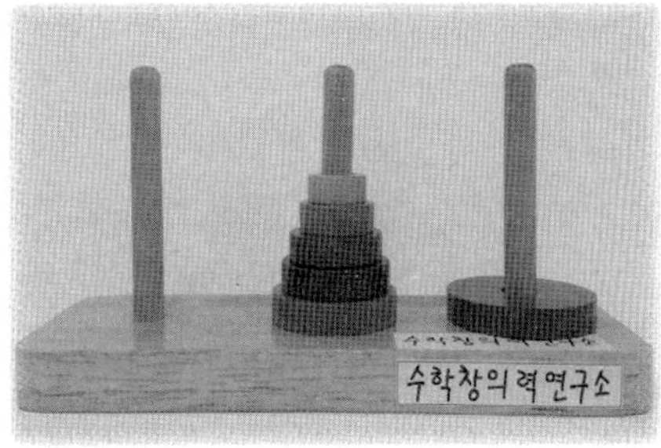

기둥 A에 있는 6개의 원판을 **기둥 C**로 옮길 때, **[1번 원판]부터 [5번 원판]은 반드시 기둥 B에 크기순으로 쌓여 있어야 한다.**

그래야만 [6번 원판]이 아무런 방해도 받지 않고 기둥 A에서 기둥 C로 이동 할 수 있기 때문이다.

일반화 : n개의 원판이 있는 경우

기둥 A에 n개의 원판이 있는 경우에도 같은 원리가 적용된다. 즉, 기둥 A에 있는 [n번 원판]이 기둥 C로 옮겨지기 위해서는 **[1번 원판] [$(n-1)$번 원판]은 기둥 B에 크기순으로 쌓여 있어야 한다.**

이와 같은 성질은 나중에 '점화식 표현'에서 매우 핵심적인 아이디어로 사용될 예정이다. 부디… 잊지 말고 기억해 주기 바란다.

Quiz 7.

n개의 원판을 옮길 때 [1번 원판]이 움직인 횟수는?

단순화 : 6개의 원판이 있는 경우

6개의 원판을 옮기는 최소이동횟수는 63회이다.

이 때 [1번 원판]은 1회부터 63회의 이동횟수에서 **'홀수'** 번째 마다 움직이므로 [1번 원판]이 움직인 횟수는 **32회**이다.

여기서 32이라는 수를 기억해주기 바란다! 특히,

$$2^5 = 32$$

이 수는 다음에 다루게 될 '수열의 규칙성'에서 매우 유용하게 사용될 것이며, 우리에게 '수의 표현 방법'이 얼마나 중요한지 말해줄 것이다.

일반화 : n개의 원판이 있는 경우

n개의 원판을 다른 기둥으로 옮기는 최소이동횟수는 $2^n - 1$ 이고, [1번 원판]은 홀수 번째 마다 움직이므로 [1번 원판]이 움직인 횟수는

$$2^{n-1}$$

이다.

앞에서 잠깐 언급한 바와 같이 **[n번 원판]이 움직인 횟수는··· 1회!!!**

[1번 원판]과 [n번 원판]이 움직인 횟수를 함께 기억해주기 바란다!

Tower of Hanoi

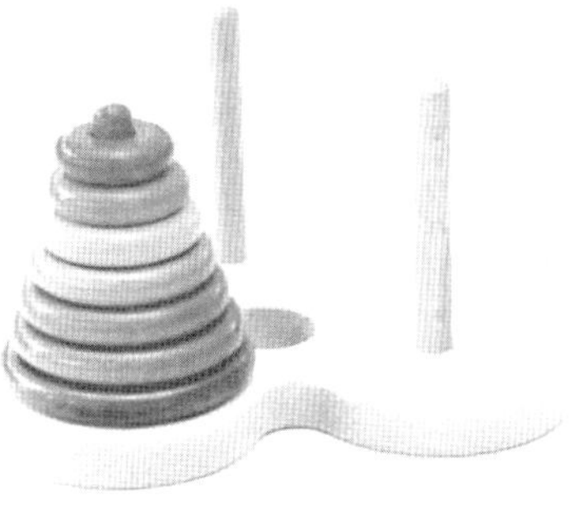

Cyclic Tower of Hanoi

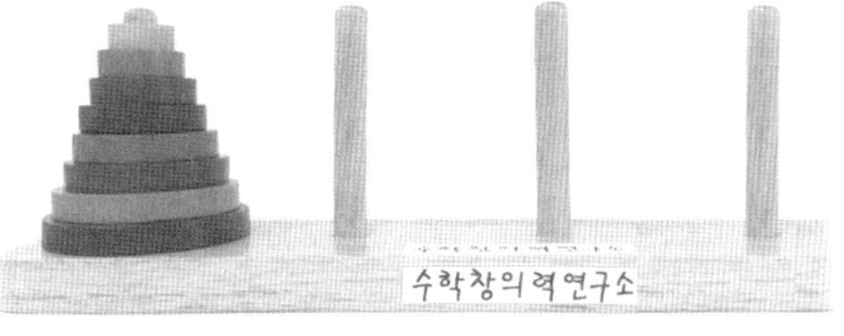

Tower of Hanoi with 4 peg

Chapter

04 수열의 규칙성

1. 등차수열
2. 등비수열
3. 계차수열

Chapter 04 수열의 규칙성

원판이 1개 ~ 6개인 경우의 최소이동횟수를 정확히 찾았다면, 그 결과를 이용하여 원판이 7개인 경우의 **최소이동횟수를 추측** 할 수 있을까?

$$T(3,1)=1,$$
$$T(3,2)=3,$$
$$T(3,3)=7,$$
$$T(3,4)=15,$$
$$T(3,5)=31,$$
$$T(3,6)=63,$$
$$T(3,7)=\boxed{\quad ? \quad}$$

만약에 우리가 찾은 수들에서 규칙을 찾을 수 없다면 우리는 매번 원판을 옮기는 최소이동횟수를 **'직접 시행'**을 통해서만 알 수 있을 것이다.

원판이 7개, 8개, 9개, ⋯ , 64개, ⋯

직접 원판을 옮겨 가면서 최소이동횟수를 구할 생각만 해도 머리가 아프지 않는가?!
다행히도 최소이동횟수는 일정한 규칙을 따른다!

따라서 일정한 규칙에 따라 나열된 수들을 탐구하여 그 나열된 **'규칙'**을 찾고 **'표현'**하는 능력이 무엇보다 중요하다.

수열은 '규칙적으로 나열된 수들!!'

수학에서 다루는 수열은 **'일정한 규칙'**에 의해 나열되는 수들로, 규칙성 없이 임의대로 생성되는 수열은 수학적 관점에서 의미를 찾기 어렵다.

우리가 알아야 할 대표적인 수열에는

등차수열

-연속된 두 항의 차(差)가 일정한 수열

등비수열

-연속된 두 항의 비(比)가 일정한 수열

계차수열

-연속된 두 항의 '차'들이 일정한 규칙을 가지고 있는 수열

등이 있다.

위에서 언급한 수열은 고등학교에서 다루는 내용으로 초등학생이나 중학생의 경우에는 이 책에서 설명하는 간단한 개념과 성질만 이해해도 탐구를 진행하는데 큰 어려움은 없을 것이다.

그럼! 일반 하노이 탑과 변형 하노이 탑에 대한 깊이 있는 탐구활동을 진행하기 위해 반드시 필요한 개념인 **'수열의 규칙성'**을 알아보도록 하자.

물론! 등차수열, 등비수열, 계차수열에 대한 기본개념 및 표현능력이 있는 학생들은 수열 관련 내용을 건너뛰어도 좋다.

1. 등차수열

> 정의 : 어떤 수에서 시작하여 차례로 일정한 수를 더해서 만들어지는 수열을 **'등차수열'** 이라고 하고, 더해지는 일정한 수를 **'공차'**라고 한다.

등차수열의 일반항

위의 정의에서 **첫 번째 항을** a, **공차를** d, **(영어로 '차이'를 의미하는 difference의 약자) 제**n**번째 항을** a_n이라 하면 등차수열은 다음과 같이 나타낼 수 있다.

a_1	a_2	a_3	a_4	$\cdots$	a_n
a	$a+d$	$a+2d$	$a+3d$	$\cdots$	$a+(n-1)d$

따라서 첫 번째 항이 a이고 공차가 d인 등차수열의 일반항a_n은

$$a_n = a + (n-1)d$$

등차수열의 중요한 성질은 '이웃하는 두 항의 차'가 항상 일정하다는 것이다. 즉

$$a_{n+1} - a_n = a + nd - \{a + (n-1)d\} = d$$

[등차수열]

예제

등차수열 $\{a_n\}$에 대하여 $a_{59}=70$, $a_{66}=84$일 때, a_{100}의 값을 구하여라.

또, $a_n=100$을 만족시키는 n의 값을 구하여라.

풀이

첫 번째 항을 a, 공차를 d라 하면 문제의 조건으로부터

$a_{59}=a+58d=70$

$a_{66}=a+65d=84$

위 두 식을 연립하여 풀면

$a=-46$, $d=2$

따라서 구하는 제100항은

$a_{100}=-46+(100-1)\times 2=152$

또, $a_n=-46+(n-1)\times 2=100$에서 $n=74$

등차수열의 합

수열 $\{a_n\}$에서 n항까지의 합 S_n을 구하는 과정을 생각해보자. 즉,

$$S_n=a_1+a_2+a_3+\cdots a_n=\sum_{k=1}^{n}a_k$$

이 때, '시그마 $\sum_{\text{시작값}}^{\text{끝값}}(k\text{에 관한 식})$'라는 새로운 기호를 사용하면 매우 편리한데,

이는 k에 '시작 값'부터 1씩 증가시켜가면서 '끝 값'까지의 합을 의미한다.

예를 들어,

$$\sum_{k=1}^{10} k = 1+2+3+\cdots+10$$

다음으로 첫 번째 항 a, 공차 d인 등차수열에서 S_n을 구하는 과정을 살펴보자.

$$\begin{aligned} S_n &= a+(a+d)+(a+2d)+\cdots+\{a+(n-1)d\} \\ &= na+d\{1+2+\cdots+(n-1)\} \\ &= na+d\times\frac{n(n-1)}{2} \\ &= \frac{n\{2a+d(n-1)\}}{2} \end{aligned}$$

위의 식에서 1부터 n까지의 합을 구하는 과정을 설명하면 다음과 같다.

$$S = 1+2+\cdots+(n-1)+n$$
$$S = n+(n-1)+\cdots+2+1$$

위의 두 식을 변끼리 더하면

$$\begin{aligned} 2S &= (n+1)+(n+1)+\cdots+(n+1) \\ &= n(n+1) \end{aligned}$$
$$\therefore S = \frac{n(n+1)}{2}$$

이 식을 잘 관찰해 보면, 첫 번째 항 a와 n번째 항 $a+(n-1)d$로 표현할 수 있음을 알 수 있다. 즉,

$$S_n = \frac{n[a+\{a+(n-1)d\}]}{2}$$
$$= \frac{n(\text{첫항} + \text{마지막항})}{2}$$

예를 들어, 2부터 100까지의 짝수들의 합은

$$\frac{50(2+100)}{2} = 2,550$$

2. 등비수열

정의

어떤 수에서 시작하여 차례로 일정한 수를 곱해서 만들어진 수열을 **'등비수열'**이라 하고, 그 일정한 수를 **'공비'**라 한다.

등비수열의 일반항

위의 정의에 따라 **첫 번째 항이** a**, 공비가** r**인 등비수열의 제**n**번째 항을** a_n이라 하면,

a_1	a_2	a_3	a_4	$\cdots$	a_n
a	ar	ar^2	ar^3	$\cdots$	ar^{n-1}

따라서 첫 번째 항이 a이고 공비가 r인 등비수열의 일반항 a_n은

$$a_n = ar^{n-1}$$

[등비수열]

예제

다음 등비수열의 공비와 일반항을 구하여라.

$\frac{1}{2},\ \frac{1}{4},\ \frac{1}{8},\ \frac{1}{16},\ \cdots$

풀이

$\frac{1}{4} \div \frac{1}{2} = \frac{1}{2},\ \frac{1}{8} \div \frac{1}{4} = \frac{1}{2},\ \frac{1}{16} \div \frac{1}{8} = \frac{1}{2}$

따라서 $a_1 = \frac{1}{2}$, 공비r은 $\frac{1}{2}$이므로

$a_n = ar^{n-1} = \frac{1}{2} \times \left(\frac{1}{2}\right)^{n-1} = \left(\frac{1}{2}\right)^n$

등비수열의 합

첫 번째 항이 a, 공비가 r인 등비수열 $\{a_n\}$에서 제 n항까지의 합을 S_n이라 하면

$$S_n = a + ar + ar^2 + ar^3 + \cdots + ar^{n-2} + ar^{n-1} \quad \cdots \text{①}$$

양변에 공비 r을 곱하면

$$rS_n = ar + ar^2 + ar^3 + ar^4 + \cdots + ar^{n-1} + ar^n \quad \cdots \text{②}$$

①-②에서

$$S_n - rS_n = a - ar^n \quad \text{즉, } (1-r)S_n = a(1-r^n)$$

따라서

$r \neq 1$일 때 $S_n = \frac{a(1-r^n)}{1-r} = \frac{a(r^n-1)}{r-1}$

$r = 1$일 때 ①에서

$$S_n = a + a + a + a + \cdots + a = na$$

예제

다음 등비수열의 제n항까지의 합을 구하여라.

$$1,\ 2,\ 4,\ 8,\ \cdots$$

풀이

주어진 수열은 $a=1,\ r=2$인 등비수열이므로

$$S_n = \frac{a(r^n-1)}{r-1} = \frac{1 \cdot (2^n-1)}{2-1} = 2^n - 1$$

3. 계차수열

정의

수열 $\{a_n\}$에서 $a_n - a_{n-1}$ 을 그 수열의 **'계차'**라 하고, 계차로써 이루어진 수열을 **'계차수열'**이라 한다.

계차수열은 '연속된 두 항의 차'가 일정한 규칙을 가진 수열이 되는 경우이다. 예를 들어,

$$1,\ 2,\ 4,\ 7,\ 11,\ \cdots$$ [계차수열]

이 수열은 등차수열이나 등비수열이 아님을 알 수 있으므로 연속된 두 항의 차를 계산하여 규칙성을 찾아보면

$$2 - 1 = 1,$$

$$4 - 2 = 2,$$

7 - 4 = 3,

11 - 7 = 4, ⋯

계차수열 1, 2, 3, 4, ⋯ 가 첫째항 1, 공차 1인 **등차수열**임을 알 수 있다.

계차수열을 갖는 수열 $\{a_n\}$의 일반항 a_n은 각 항의 계차를 구한 후 양변은 변변 더하여 구할 수 있다.

$$
\begin{array}{rl}
 & 2 - 1 = 1 \\
 & 4 - 2 = 2 \\
 & 7 - 4 = 3 \\
 & \cdots \\
+) & a_n - a_{n-1} = n-1 \\
\hline
 & a_n - 1 = \sum_{k=1}^{n-1} k
\end{array}
$$

$$\therefore a_n = \sum_{k=1}^{n-1} k + 1 = \frac{(n-1)n}{2} + 1 = \frac{n^2 - n + 2}{2}$$

좀 복잡해 보이는 과정을 잘 이해했다면, 이제 이 식이 맞는지 확인해보자!

$$a_1 = \frac{1^2 - 1 + 2}{2} = 1,$$

$$a_2 = \frac{2^2 - 2 + 2}{2} = 2,$$

$$a_3 = \frac{3^2 - 3 + 2}{2} = 4,$$

$$a_4 = \frac{4^2 - 4 + 2}{2} = 7,$$

$$a_5 = \frac{5^2 - 5 + 2}{2} = 11,$$

$$\cdots$$

다행히 제대로 구한 것 같다!

계차수열의 일반항

계차수열을 갖는 수열 $\{a_n\}$의 일반항 a_n을 찾는 과정을 알아보자!

수열 $\{a_n\}$의 연속된 두 항의 차로 이루어진 계차수열을 $\{b_n\}$이라 할 때

$$a_2 - a_1 = b_1$$

$$a_3 - a_2 = b_2$$

$$a_4 - a_3 = b_3$$

$$\cdots$$

$$+)\quad a_n - a_{n-1} = b_{n-1}$$

$$a_n - a_1 = \sum_{k=1}^{n-1} b_k$$

$$\therefore a_n = \sum_{k=1}^{n-1} b_k + a_1$$

계차수열의 일반항을 구하기 위해서는 계차수열 $\{b_n\}$의 첫 번째 항부터 $(n-1)$항 까지의 합 $\sum_{k=1}^{n-1} b_k$ 을 계산할 수 있어야 한다는 점에 주의하자!

Chapter

05 점화식

1. 점화식의 이해
2. $a_{n+1}=pa_n+q$ 꼴의 점화식
3. $a_{n+1}=a_n+f(n)$ 꼴의 점화식
4. $a_{n+2}-a_{n+1}=k(a_{n+1}-a_n)$ 꼴의 점화식
5. 점화식의 응용

05 점화식

Chapter

1. 점화식의 이해

하노이의 탑에서 원판의 개수가 n일 때 원판을 이동시키는 최소이동횟수를 a_n이라 하면, a_n은 원판의 개수n과 대응되는 수열이 된다. 즉

n	a_n
1	a_1
2	a_2
3	a_3
⋮	
n	a_n

수열 $\{a_n\}$의 **일반항을 구하는 방법**은 크게 두 가지가 있다.

하나, a_1부터 차례대로 원판의 개수를 하나씩 늘려가면서 a_n을 구한 다음에 이 **수열의 규칙성을 찾는 방법이**고,

둘, 원판의 위치에 대한 규칙성을 발견하여 바로 수열 $\{a_n\}$에 관한 **점화식으로 표현**하는 것이다.

처음 방법은 **원판의 개수가 1개일 때부터 하나씩 옮겨 가면서 직접 최소이동횟수를 구하고 그 수열의 규칙성을 찾는 것**이다.

하지만 원판을 직접 옮겨가면서 최소이동횟수를 구하는 것은 **'원판의 개수가 많은 경우'**나 **'변형된 하노이 탑을 다루는 경우'**에서는 최소이동횟수가 커서 활동을 통해 정확하게 구하기 어렵다. 이유는

첫 번째, 변형된 하노이 탑에서 원판의 개수를 늘려가면서 최소이동횟수를 정확하게 찾기 어렵고, 설사 찾는다 해도 많은 시간이 걸려서 집중도가 떨어진다.

두 번째, 논리력과 수학적 직관력에 의해 원판의 이동 규칙을 통해 이를 **'점화식으로 표현'**하는 방법으로 원판의 개수에 따른 최소이동횟수의 규칙성을 정확하게 표현하고 이해하는데 유용한 방법이다.

여기서는 하노이 탑과 변형 하노이 탑을 탐구하는데 필요하면서도 중요한 **대표적인 3가지 점화식의 유형과 그 일반항**을 찾는 방법을 살펴보도록 하자.

2. $a_{n+1} = pa_n + q$ 꼴의 점화식

일반적으로 $a_{n+1} = pa_n + q$ 꼴의 점화식은

$$a_{n+1} + \alpha = p(a_n + \alpha)$$

꼴로 변형하여 일반항을 구한다. 즉 수열 $\{a_n + \alpha\}$는 첫항이 $a_1 + \alpha$ 이고 공비가 p인 등비수열이 된다. 이 때, α의 값을 구하는 방법으로 많이 사용하는 것이 '계수비교법'으로, $q = p\alpha - \alpha$ 를 만족하는 α의 값을 어렵지 않게 찾을 수 있다.

[점화식의 대표유형]

예제

다음과 같이 정의된 수열 $\{a_n\}$에 대하여 일반항 a_n을 구하여라.

$$a_1 = 1,\ \ a_{n+1} = 2a_n + 3\ (n \geqq 1)$$

풀이

$a_{n+1} = 2a_n + 3$ 의 양변에 3을 더하면

$a_{n+1} + 3 = 2a_n + 3 + 3$

$\therefore a_{n+1} + 3 = 2(a_n + 3)$

따라서 수열 $\{a_n + 3\}$은 수열 $\{a_n\}$의 각 항에 3을 더하여 만든 수열로 첫 번째 항은 $a_1 + 3 = 4$, 공비가 2인 등비수열이다.

$\therefore a_n + 3 = 4 \times 2^{n-1}$

$\therefore a_n = 4 \times 2^{n-1} - 3$

3. $a_{n+1} = a_n + f(n)$꼴의 점화식

$a_{n+1} = a_n + f(n)$ 꼴의 점화식은 대표적인 계차수열이다. 우변의 a_n을 좌변으로 이항하면 $a_{n+1} - a_n = f(n)$ 꼴이 되고 n의 값에 1부터 $(n-1)$까지를 차례대로 대입한 값들을 변변 더하면 a_n을 구할 수 있다.

$$a_2 - a_1 = f(1)$$

$$a_3 - a_2 = f(2)$$

$$\cdots$$

$$+)\quad a_n - a_{n-1} = f(n-1)$$

$$a_n - a_1 = \sum_{k=1}^{n-1} f(k)$$

예제

다음과 같이 정의된 수열 $\{a_n\}$에 대하여 일반항 a_n을 구하여라.

$a_{1=}7,\ a_{n+1} = a_n + 4n\ (n \geqq 1)$

풀이

$a_{n+1} = a_n + 4n$ 즉, $a_{n+1} - a_n = 4n$ 에

$n = 1$부터 차례대로 대입하면

$a_2 - a_1 = 4 \times 1,$

$a_3 - a_2 = 4 \times 2$

$a_4 - a_2 = 4 \times 3,$

…

$a_n - a_{n-1} = 4 \times (n-1)$

이 식들을 좌변과 우변에 각각 더하면

좌변은 $a_n - a_1,$

우변은 $4 \times (1+2+3+\cdots (n-1)) = 4 \times \dfrac{n(n-1)}{2} = 2n^2 - 2n$

문제에서 $a_1 = 7$이므로

$a_n = 2n^2 - 2n + 7$

4. $pa_{n+2} + qa_{n+1} + ra_n = 0$ 꼴의 점화식

$pa_{n+2} + qa_{n+1} + ra_n = 0$ 꼴의 점화식은 계차수열인 $a_{n+2} - a_{n+1} = k(a_{n+1} - a_n)$ 꼴로 변형하여 일반항을 구할 수 있다. 계차수열 $\{a_n - a_{n-1}\}$은 첫항이 $(a_2 - a_1)$이고 공비가 k 인 등비수열이 된다.

예제

다음과 같이 주어진 수열 $\{a_n\}$에 대하여 일반항 a_n을 구하여라.

$$a_1=2,\ a_2=4,\quad a_{n+2}-3a_{n+1}+2a_n=0\ (n\geqq 1)$$

풀이

$a_1=2,\ a_2=4,\quad a_{n+2}-3a_{n+1}+2a_n=0\ (n\geqq 1)$에서

$a_{n+2}-a_{n+1}=2(a_{n+1}-a_n)\ \cdots$ ①

$b_n=a_{n+1}-a_n$ (계차수열)이라 하면

①은 $b_{n+1}=2b_n$, $b_1=a_2-a_1=4-2=2$

$b_n=2\times 2^{n-1}=2^n$

$$a_n=a_1+\sum_{k=1}^{n-1}b_k$$

$$=2+\sum_{k=1}^{n-1}2^k$$

$$=2+\frac{2(2^{n-1}-1)}{2-1}=2^n$$

5. 점화식의 응용

재귀적 용법은 **'무한한 값을 유한하게 표현하기 위한 재귀적 수식'**으로부터 유래한 것으로서, 어떤 것 안에 자기 자신과 닮은 것이 반복적으로 포함되는 것을 **'재귀'**라고 한다.

이런 반복되는 성질을 이용하여, 연속하는 두 개 혹은 세 개의 항으로 이루어진 점화식을 만들고 문제에 적용할 수 있다.

점화식(recursion formula)은 **'수열의 항과 항 사이에 성립하는 관계를 나타내는 식'**을 말하며, 재귀적 성질을 가지고 있는 **수열의 규칙성을 표현**하는데 매우 유용하다.

따라서 수열의 규칙성을 탐구하는 과정에서 **'점화식에 대한 이해와 표현, 그리고 일반항 구하는 능력'**은 매우 중요하면서도 필수적인 항목이라 판단된다.

점화식에 대한 기본적인 이해와 표현능력은 직접 문제를 풀어가면서 익히는 것이 효율적이다.

이를 위해 **대표적인 3가지 예제**를 제시하고자 한다.

물론 점화식 표현능력이 뛰어난 독자는 건너뛰고, 처음 접하거나 익숙하지 않은 독자는 다소 어려운 부분이 있더라도 포기하지 말고 집중해 주기 바란다.

평면 나누기

계단 오르기

빌딩 바닥 색칠하기

[평면 나누기]

가. 평면 나누기

다음 조건에 따라 이차원평면에 여러 개의 직선을 그을 때, 이 '직선들에 의해 나누어지는 평면의 개수의 최댓값'을 구하는 문제를 생각해보자.

> (1) 서로 다른 두 직선은 서로 평행하지 않다.
> (2) 서로 다른 세 직선이 하나의 교점을 공유하지 않는다.

연습장에 위의 조건에 맞게 직선을 직접 그려보자!

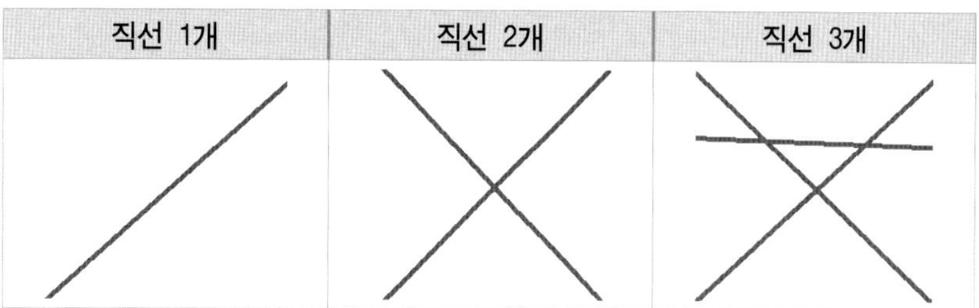

직선 1개는 평면을 2개

직선 2개는 평면을 4개

직선 3개는 평면을 7개

의 부분으로 나눔을 확인할 수 있다.

직선의 개수에 따라 나누어지는 평면의 개수를 세어보고, **직선의 개수**와 나누어지는 **평면의 개수**를 빈칸에 적어보자.

아마도 어렵지 않게 빈 칸을 모두 채울 수 있을 것이다.

이 때 작성된 표를 이용해 평면의 수들에 대한 규칙성을 발견할 수 있다.

직선의 수	1	2	3	4	5
평면의 수	2	4	7		

이와 같은 방법으로 계속 직선을 그을 때, 5개 이상의 직선을 긋는 것이 어렵다는 것을 발견하게 될 것이다. 따라서 종이에 15개의 직선을 모두 그어서 나누어지는 평면의 개수를 구하는 것은 거의 불가능하다.

그렇다면 **5개 이상의 직선을 직접 긋지 않고도 직선으로 나누어지는 평면의 최대개수를 구하는 방법은 없을까?**

물론! 쉬운 방법이 있다.

앞에서 배운 수열의 표현과 규칙성을 통해 나누어지는 평면의 최대 개수에 대한 정보를 찾을 수 있다.

n개의 직선으로 나누어지는 평면의 최대개수를 a_n이라 하면

$$a_1 = 2$$

$$a_2 = 2 + 2 = a_1 + 2$$

$$a_3 = 2 + 2 + 3 = a_2 + 3$$

$$a_4 = 2 + 2 + 3 + 4 = a_3 + 4$$

$$\cdots$$

$$a_n = 2 + 2 + 3 + \cdots + (n-1) + n$$

$$= a_{n-1} + n$$

따라서 마지막 식을 이용하여 점화식으로 표현하면

$$a_n - a_{n-1} = n$$

이며, **계차수열**임을 알 수 있다. 따라서 일반항 a_n은

$$
\begin{aligned}
a_2 - a_1 &= 2 \\
a_3 - a_2 &= 3 \\
a_4 - a_3 &= 4 \\
&\cdots \\
+)\quad a_n - a_{n-1} &= n
\end{aligned}
$$

$$a_n - a_1 = \sum_{k=1}^{n} k - 1$$

$$\therefore a_n = \sum_{k=1}^{n} k + 1 = \frac{n(n+1)}{2} + 1 = \frac{n^2 + n + 2}{2}$$

나. 계단 오르기

[계단 오르기]

'계단 오르기'는 일정한 수의 계단을 오르는 조건을 제한함으로써 n개의 계단을 오르는 방법의 수를 구하는 문제이다.

막연하게 모든 경우를 하나하나 셀 수도 있지만 이와 같은 경우는 계단의 수 n이 커지면 문제해결의 효율성이 떨어진다.

예제

영재가 학교의 계단을 한 번에 한 계단 또는 두 계단씩만 올라 모두 10개의 계단을 오르려 한다. 이 때, 영재가 10개의 계단을 오르는 경우의 수는 모두 몇 가지인지 구하여라.

풀이

단순화!! - 계산의 수가 2개, 3개, 4개, 5개인 경우
계단의 수가 적은 경우에 계단을 오르는 경우의 수를 직접 계산해 보자.

계단의 수	2개	3개	4개	5개
경우의 수	2	3	5	8

표에서 보듯이 계단의 수를 2개, 3개, 4개, 5개로 늘려가는 경우에 올라가는 방법의 수는 2, 3, 5, 8로 증가한다.
처음 4개 또는 5개 정도의 경우의 수를 가지고서도 다음과 같은 **'규칙성'**을 찾을 수 있다.

계단의 수	2개	3개	4개	5개
경우의 수	2	3	2+3=5	3+5=8

위에서 **'계단의 수'**와 **'경우의 수'**에서 규칙을 찾으면

(앞의 두 항의 합) = (다음 항)

따라서 이 규칙을 적용하여 6개 이상의 계단의 수에서 경우의 수를 추정할 수 있다.

6개	7개	8개	9개	10개
5+8=13	8+13=21	13+21=34	21+34=55	34+55=89

예제

한 번에 한 계단 또는 두 계단씩만 올라 모두 n개의 계단을 오르는 모든 경우의 수를 점화식으로 표현하여라.

풀이

10개의 계단 문제는 몇몇의 수를 관찰한 후에 얻은 가정에 불과하므로, 계단의 수를 n으로 놓았을 경우에는 논리적인 일반화가 필요하다.
따라서 n개의 계단을 오르는 모든 경우의 수를 a_n이라 하면,
n개의 계단을 오르는 방법은 다음 두 가지 중의 어느 한 가지임을 알 수 있다.

[1] 맨 처음 1개의 계단을 오르는 경우

n개의 계단 중에서 맨 처음 1개의 계단을 오르면 $n-1$개의 계단이 남게 된다.

$\therefore$ $(n-1)$**개의 계단을 오르는 방법의 수는** a_{n-1}

[2] 맨 처음 2개의 계단을 오르는 경우

n개의 계단 중에서 맨 처음 2개의 계단을 오르면 $(n-2)$개의 계단이 남게 된다.

$\therefore$ $(n-2)$**개의 계단을 오르는 방법의 수는** a_{n-2}

따라서 n**개의 계단을 오르는 방법의 수** a_n**은**

(맨 처음 1개의 계단을 오르는 방법의 수)

+ (맨 처음 2개의 계단을 오르는 방법의 수)

이므로

$$a_n = a_{n-1} + a_{n-2}$$

다. 빌딩 바닥 색칠하기

'빌딩 바닥 색칠하기'도 계단 오르기처럼 문제를 보는 시각을 **'재귀적'**으로 바꾸어 접근해야 일반적인 풀이에 도달할 수 있는 문제이다.

빌딩의 바닥을 몇 가지 색으로 칠하는데, 색을 칠하는 조건을 주고 이 조건에 따라 색을 칠하는 방법의 수를 묻는 문제이다.

[바닥 색칠하기]

[네이버 이미지]

예제

어떤 건물 바닥을 아래의 두 조건에 따라 색을 칠한다고 가정할 때, 다음 물음에 답하여라.

(1) 각 층의 바닥은 모두 **흰색**이나 **파란색**으로 칠한다.
(2) 파란색을 칠한 위층은 파란색을 칠할 수 없다.

1> 9층 높이의 건물의 바닥을 색칠하는 경우의 수를 구하여라.

2> n층 높이의 건물의 바닥을 색칠하는 경우의 수를 점화식으로 표현하여라.

풀이

1> **단순화!!** - 건물이 1층, 2층, 3층, 4층인 경우에 건물의 바닥을 색칠하는 경우의 수를 **직접 계산**해 보자.

건물의 층수	1층	2층	3층	4층
경우의 수	2	3	5	8

표에서 보듯이 건물의 층수를 1층, 2층, 3층, 4층으로 높여 갈 때 각 건물의 바닥을 색칠하는 경우의 수는 **2가지, 3가지, 5가지, 8가지**로 늘어난다.
이 때 경우의 수를 **다르게 표현**하면 **'앞의 두 수의 합이 다음 수의 합'**이 됨을 알 수 있다.

건물의 층수	1층	2층	3층	4층
경우의 수	2	3	2+3=5	3+5=8

1층에서 4층까지의 건물에서 색을 칠하는 방법의 수에서 찾은 규칙을 이용하여 5층~9층까지의 건물에서 색을 칠하는 경우의 수를 추정하면 다음과 같다.

5층	6층	7층	8층	9층
5+8=13	8+13=21	13+21=34	21+34=55	34+55=89

2> **점화식!!** - n층 건물의 바닥을 문제의 조건에 맞게 칠하는 방법의 수를 p_n이라 하자.

n층 건물의 바닥을 흰색 또는 파란색으로 칠하는 경우는 다음 두 가지 중의 한 가지이다. 즉,

[1] 1층 바닥을 '흰색'으로 칠 하는 경우

2층 바닥은 흰색 또는 **파란색**으로 칠할 수 있으므로, 나머지 $(n-1)$ 층의 바닥을 칠하는 경우의 수를 구하면

$$p_{n-1}$$

[2] 1층 바닥을 '파란색'으로 칠하는 경우

2층 바닥은 반드시 흰색으로 칠해야 하므로 3층부터 n층까지 즉, $(n-2)$ 층의 바닥을 칠하는 경우의 수와 같으므로

$$p_{n-2}$$

따라서 n층 높이의 건물 바닥을 흰색 또는 파란색으로 칠하는 경우의 수는

$$p_n = p_{n-1} + p_{n-2}$$

Chapter

06 하노이 탑의 규칙

1. 수열의 규칙성 이용
2. $T(3,n)$과 $T(3,n-1)$사이의 점화식
3. 일반항 $T(3,n)$의 계산
4. [1번 원판]의 기우성

06 하노이 탑의 규칙

Chapter

1. 수열의 규칙성 이용

이제 본격적으로 하노이 탑에 대한 탐구를 시작해보자.

하노이 탑에 익숙하지 않은 사람들은 **'무엇부터 해야 할까?'** 고민하게 될 것이다.

탐구방법 정하기

이 때 조금이나마 도움이 되는 것이 앞에서 언급한 **'단순화'** 개념이다.

즉, $T(3,n)$을 직접 구하기 전에 하노이 탑에서 원판의 개수를 1개, 2개, 3개, 4개, …로 늘려가면서 최소이동횟수를 찾는 것이다.

$$T(3,1)=1,$$
$$T(3,2)=3,$$
$$T(3,3)=7,$$
$$T(3,4)=15,$$
$$T(3,5)=31,$$
$$T(3,6)=63,$$
$$\cdots$$

규칙성이 보이는가?

관찰력과 집중력이 뛰어난 사람은 앞의 수열에서 수들이 가진 규칙성을 한눈에 찾을 수도 있겠지만... 보통의 경우에 수열의 규칙성을 찾는 것은 그리 간단한 일이 아니다.

이와 같은 경우에는 이 수들을 **'다른 방법으로 표현'**해보는 것이 숨어있는 규칙을 찾는데 도움이 된다.

수의 표현

$$T(3,1)=1,$$
$$T(3,2)=3=1+2,$$
$$T(3,3)=7=1+2+4,$$
$$T(3,4)=15=1+2+4+8,$$
$$T(3,5)=31=1+2+4+8+16,$$
$$T(3,6)=63=1+2+4+8+16+32,$$
$$\cdots$$

같은 수들을 단지 **'표현 방법'**만 달리해보았다. 어떤가?

숨어있던 규칙이 밖으로 나온 것처럼 보이지 않는가?

좀 더 나아가 **'지수표현'**을 사용하면 수열의 규칙성이 좀 더 자명해진다.

$$T(3,1)=1,$$
$$T(3,2)=3=1+2,$$
$$T(3,3)=7=1+2+2^2,$$
$$T(3,4)=15=1+2+2^2+2^3,$$
$$T(3,5)=31=1+2+2^2+2^3+2^4,$$
$$T(3,6)=63=1+2+2^2+2^3+2^4+2^5,$$
$$\cdots$$

이와 같이 표현 방법을 달리하면 여러분은 직관적으로 $T(3,n)$의 값을 유추할 수 있을 것이다.

$$T(3,n)=1+2+2^2+2^3+\cdots+2^{n-1}$$

물론 이 결과는 유추일 뿐 증명된 결과는 아니다.

그럼에도 불구하고 이와 같은 탐구결과는 우리에게 매우 유익한 정보를 제공하며 앞으로의 탐구에 많은 도움을 주게 된다.

$T(3,n)$의 값이 초항이 1이고 공비가 2인 **등비수열의 합**임을 알 수 있다.

앞에서 설명한 방법으로 등비수열의 합을 구해보자.

$$T(3,n)=1+2+2^2+2^3+\cdots+2^{n-1}$$

위 식의 양변에 2를 곱한 결과에서 처음 식을 변변이 빼면

$$\begin{array}{rrcl} & 2T(3,n) &=& 2+2^2+2^3+\cdots+2^{n-1}+2^n \\ -) & T(3,n) &=& 1+2+2^2+2^3+\cdots+2^{n-1} \\ \hline & T(3,n) &=& 2^n-1 \end{array}$$

2. $T(3,n)$과 $T(3,n-1)$사이의 점화식

원판의 개수가 2개, 3개, 4개인 경우에 최소이동횟수로 원판을 옮길 때 발견되는 규칙은 어떤 것들이 있는지 살펴보자.

원판이 2개

원판이 3개

원판이 4개

먼저 원판이 2개인 경우와 3개인 경우의 연관성을 찾기 위해 시행 과정에서 나타나는 **[중간단계]**에 주목해볼 필요가 있다. 이 때 [처음], [중간단계], [마지막]의 시행에서 찾을 수 있는 규칙이 무엇인지 고민해보기 바란다. 이와 같이 단순화 개념을 적용한 탐구와 관찰에서 얻은 규칙을 점화식으로 표현할 것이다.

원판이 3개인 경우

기둥 A의 3개의 원판을 **기둥 C**로 옮기는 과정에서 기둥 B에 2개의 원판이 놓이게 되는 모습을 볼 수 있다.

[처음]

[중간단계]

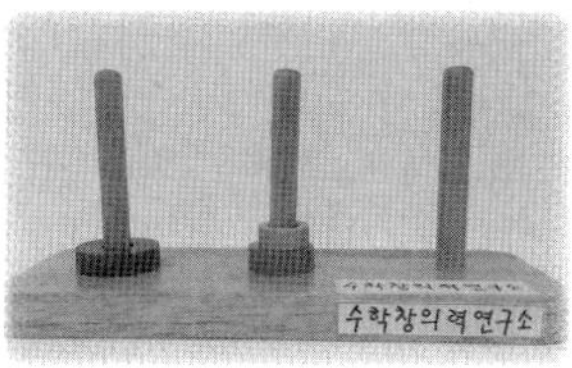

[마지막]

[처　음] 3개의 원판이 기둥 A에 위치

기둥 A에 있는 3개의 원판을 기둥 C로 옮기는 최소이동횟수는 $T(3,3)$

[중간단계] [1번 원판], [2번 원판]이 기둥 B에 위치

기둥 A에 있는 2개의 원판을 기둥 B로 옮기는 최소이동횟수는 $T(3,2)$

[마 지 막] 3개의 원판이 기둥 C에 위치

[3번 원판]을 기둥 C로 옮기는 최소이동횟수와 기둥 B에 있는 2개의 원판을 기둥 C로 옮기는 최소이동횟수의 합은 $T(3,1)+T(3,2)$

따라서 $T(3,3)$의 값은

$$\begin{aligned} T(3,3) &= T(3,2) + T(3,1) + T(3,2) \\ &= 2T(3,2) + T(3,1) \end{aligned}$$

[하노이탑의 점화식1]

원판이 4개인 경우

원판의 개수가 4개인 경우도 3개인 경우와 같은 성질을 찾을 수 있다.

[처음]

[중간단계]

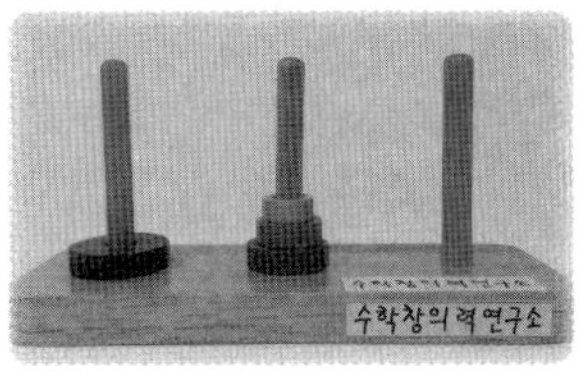

[마지막]

[처 음] 4개의 원판이 기둥 A에위치

기둥 A에 있는 4개의 원판을 기둥 C로 옮기는 최소이동횟수는 $T(3,4)$

[중간단계] 3개의 원판이 기둥 B에 위치

기둥 A에 있는 원판을 기둥 B로 옮기는 최소이동횟수는 $T(3,3)$

[마 지 막] 4개의 원판이 기둥 C에 위치

[4번 원판]을 기둥 C로 옮기는 최소이동횟수와 기둥 B에 있는 3개의 원판을 기둥 C로 옮기는 최소이동횟수의 합은 $T(3,1) + T(3,3)$

따라서 기둥 A에 있는 4개의 원판을 기둥 C로 옮기는 과정을 점화식으로 표현하면

$$\begin{aligned} T(3,4) &= T(3,3) + T(3,1) + T(3,3) \\ &= 2T(3,3) + T(3,1) \end{aligned}$$

일반화!! 원판이 n개인 경우

원판의 개수가 n개인 경우를 생각해 보자.

원판의 개수가 3개, 4개인 경우의 최소이동횟수 $T(3,3)$, $T(3,4)$에 관한 식에서 $T(3,n)$에 관한 규칙성을 찾는 **'힌트'**를 얻을 수 있다. 즉,

$$T(3,3) = 2\,T(3,2) + 1$$
$$T(3,4) = 2\,T(3,3) + 1$$

이와 같은 규칙에서 원판의 개수가 n개인 경우의 최소이동횟수는 원판의 개수가 $(n-1)$개인 경우의 최소이동횟수와 연관된 식을 유도해서 계산하는 것이 편리하다.

[처음]

[중간단계 1]

[중간단계 2]

[마지막]

n개의 원판을 다른 기둥으로 옮기는 최소이동횟수 $T(3,n)$을 구하는 과정은 다음과 같다.

[처 음] 기둥 A에 있는 n개의 원판을 기둥 C로 옮기는 최소이동횟수는 $T(3,n)$

[중간 1] 기둥 A에 있는 $(n-1)$**개의 원판을 기둥 B로 옮긴다.**

최소이동횟수는 $T(3,n-1)$

[중간 2] [n번 원판]을 기둥 C로 옮긴다. 최소이동횟수는 1

[마지막] 기둥 B에 있는 $(n-1)$**개의 원판을 기둥 C로 옮긴다.**

최소이동횟수는 $T(3,n-1)$

따라서 기둥 A에 있는 n**개의 원판을 기둥 C로 옮기는 최소이동횟수** $T(3,n)$은

$$
\begin{aligned}
T(3,\, n) &= T(3,\, n-1)+1+T(3,\, n-1) \\
&= 2\times T(3,\, n-1)+1
\end{aligned}
$$

3. 일반항 $T(3,\, n)$의 계산

점화식은 인접한 항들 사이의 관계식을 의미하며, 규칙성을 통해 올바른 점화식을 찾은 경우에는 이 점화식을 이용하여 일반항 $T(3,\, n)$을 구할 수 있다.

점화식 $T(3,n)=2\,T(3,n)+1$은 다음 과정을 거쳐서 $T(3,n)$을 계산할 수 있다.

$$T(3,n)=2\,T(3,n-1)+1$$

을 변형하면

$$\{\,T(3,n)+1\,\}=2\times\{\,T(3,n-1)+1\}$$

[하노이탑의 점화식2]

수열 $\{T(3,n)+1\}$은 초항이 $T(3,1)+1$ 이고, 공비가 2인 **등비수열**이므로

$$T(3,n)+1=(T(3,1)+1)\times 2^{n-1}$$
$$=2\times 2^{n-1}=2^n$$
$$\therefore T(3,n)=2^n-1$$

드디어 여러분이 익히 알고 있던 식이 나왔다.

그럼~ 하노이 탑의 연구는 모두 끝난 걸까? 아니다! 하노이 탑의 성질과 규칙성에 관한 탐구는 이제부터 시작되며 가치 있는 탐구결과를 얻기 위해서는 지금보다 좀 더 집중할 필요가 있다.

기둥이 3개인 하노이 탑에서 n개의 원판을 다른 기둥으로 옮기는 최소이동횟수가 (2^n-1)이고 최소이동횟수가 유일하게 존재한다는 **'해의 유일성'**에 대해서는 **Wood(1981)**가 증명하였다.

4. [1번 원판]의 기우성

3개의 기둥이 있는 하노이 탑에서 기둥 A에 있는 n개의 원판을 모두 최소이동횟수로 기둥 C로 옮기는 경우를 생각해 보자.

Quiz 8.

기둥 A에 있는 n개의 원판을 기둥 C로 이동할 때, 1회 시행에서 [1번 원판]은 어느 기둥으로 이동하는가?

[1번 원판] → 기둥 B	[1번 원판] → 기둥 C

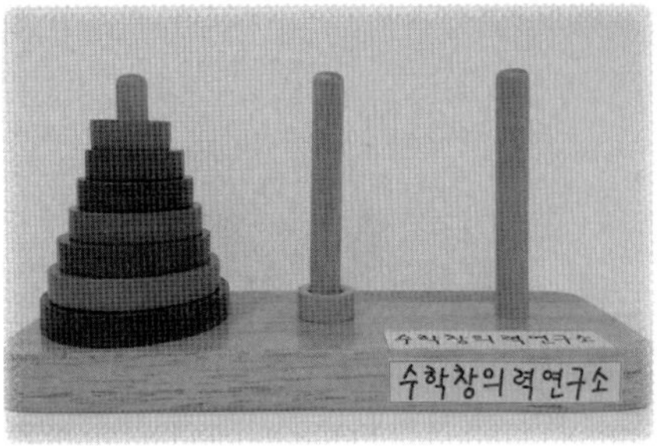

이번에도 **단순화!!**

원판의 개수가 1개, 2개, 3개, 4개인 경우에 **'1회 시행**에서 **[1번 원판]'**이 어느 기둥으로 이동하는지 관찰해보자!

원판의 개수가 1인 경우

$n=1$인 경우 [1번 원판] → 기둥 C

[원판의 기우성]

원판의 개수가 2인 경우

원판 2개	[1번 원판] → 기둥 B

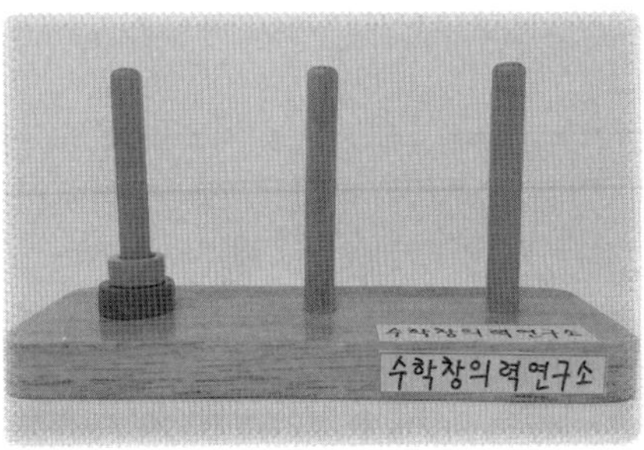

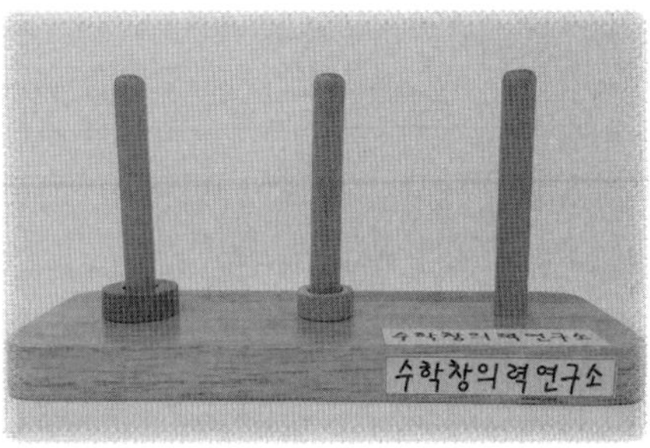

$n=2$인 경우 [1번 원판] → 기둥 B

원판의 개수가 3인 경우

원판 3개	[1번 원판] → 기둥 C

$n=3$인 경우 [1번 원판] → 기둥 C

원판의 개수가 4인 경우

원판 4개	[1번 원판] → 기둥 B

$n=4$인 경우 [1번 원판] → 기둥 B

즉, **1회 시행**에서 **[1번 원판]이 이동하는 기둥**은 기둥 A에 있는

원판의 개수가 짝수 → 기둥 B

원판의 개수가 홀수 → 기둥 C

이와 같은 규칙성은 **'기둥 A에 있는** n**개의 원판을 기둥 C로 옮긴다.'**와 **같이 모든 원판을 옮기는 '목적기둥'을 정할 때만 찾을 수 있다.**

그렇다면 **기둥 A**에 있는 n개의 원판을 **기둥 B**로 옮기는 경우에는 [1번 원판]은 어느 기둥으로 가야 할까?

Quiz 9.

기둥 A에 있는 n개의 원판을 기둥 B로 이동할 때, 1회 시행에서 [1번 원판]은 어느 기둥으로 이동하는가?

이 경우는 **〈Quiz 8〉** 의 성질을 이용하면 매우 간단히 그 결과를 알 수 있다. 즉, **1회 시행에서 [1번 원판]이 이동하는 기둥**은 기둥 A에 있는

원판의 개수가 짝수 → 기둥 C

원판의 개수가 홀수 → 기둥 B

원판의 기우성

〈Quiz 8〉, **〈Quiz 9〉**의 결과를 살펴보면 **'원판의 기우성'**은 모든 원판을 옮기는 '**목적기둥'**을 미리 정하는 경우에 따라 변함을 확인할 수 있다. 따라서 원판의 기우성을 파악하기 위해서는 3개의 기둥을

[출발기둥], [목적기둥], [목적이 아닌 기둥]

으로 표현하는 것이 좀 더 효율적임을 알 수 있다.

이와 같은 원판의 기우성은 원판이 쌓여 있는 [출발기둥]과 이동하고자 하는 [목적기둥]이 어느 것이든 항상 성립한다. 즉,

1회 시행에서 [1번 원판]이 이동하는 기둥은 기둥 A에 있는

원판의 개수가 짝수 → [목적이 아닌 기둥]

원판의 개수가 홀수 → [목적기둥]

으로 옮겨야 한다.

예를 들어,

기둥 B에 있는 **3개**의 원판을 **기둥 A**로 옮기는 경우

→ 1회 시행에서 [1번 원판]은 목적기둥인 기둥 A로 이동

기둥 C에 있는 **4개**의 원판을 **기둥 A**로 옮기는 경우

→ 1회 시행에서 [1번 원판]은 목적이 아닌 기둥인 기둥 B로 이동

Quiz 10.

아래 그림은 기둥 A에 있는 4개의 원판을 기둥 C로 옮기는 과정 중에 원판을 몇 번 옮긴 후를 나타낸다. 기둥 C에 있는 [1번 원판]과 [2번 원판]을 모두 기둥 B로 옮기기 위해서는 [1번 원판]을 어느 기둥으로 옮겨야 하는가?

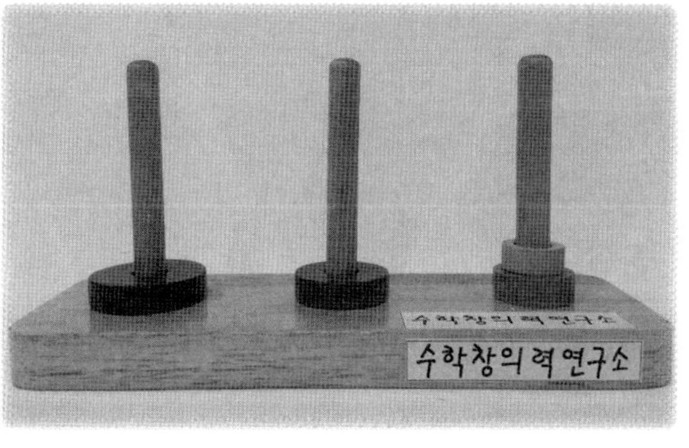

기둥 C에 **2개(짝수)**의 원판이 있으므로 **[1번 원판]**은 **'원판의 기우성'**에 따라 목적지가 아닌 **기둥 A**로 옮겨야 한다.

[k번 원판]이 이동하는 횟수 ($1 \le k \le n$)

기둥이 3개인 하노이 탑에서 기둥 A에 있는 n개의 서로 다른 원판을 다른 기둥으로 모두 옮기는 최소이동횟수 $T(3,n)$은 2^n-1 임을 알았다. 그렇다면 **각 원판이 움직인 횟수를 알 수 있을까?**

즉, n개의 원판 하나하나가 움직인 횟수를 구할 수 있다면, 그 합이 $T(3,n)=2^n-1$ 이 될 것이다.

앞에서 원판의 **개수가 6개**인 경우에

[1번 원판]이 2^5회

[6번 원판]은 오직 1회

움직임을 알았다.

[각 원판이 움직인 횟수]

이와 같은 사실을 일반화하여 **원판의 개수**가 n**개**인 경우에도 다음과 같은 성질이 있음을 추측할 수 있다.

[n번 원판]은 1회

[$(n-1)$번 원판]은 2회

[$(n-2)$번 원판]은 2^2회

$\cdots$

[2번 원판]은 2^{n-2} 회

[1번 원판]은 2^{n-1} 회 이동한다.

Quiz 11.

기둥 A에 있는 n개의 서로 다른 원판을 다른 기둥으로 옮길 때, [k번 원판]이 움직인

횟수는? ($1 \le k \le n$ **)**

[1번 원판], [n번 원판] 이외에 다른 원판들도 이동한 횟수를 모두 구할 수 있을까?
결론부터 말하자면 **'구할 수 있다!'**
이유를 말하기 전에 한 가지 알아야할 정리가 있다!
바로 **'이항정리!!!'**

n개의 원판을 옮기는 최소이동횟수 $2^n - 1$ 과 이항정리는 매우 밀접한 관계에 있다.
왜일까?

이항정리

이항정리를 간단히 설명하면 다음과 같다.

두 수 a, b**에 대하여**

$$a^n - b^n = (a-b)(a^{n-1} + a^{n-2} \cdot b + \cdots + a \cdot b^{n-2} + b^{n-1})$$

이항정리를 이용하여 $2^n - 1$ 을 인수분해하면

$$\begin{aligned} 2^n - 1 &= 2^n - 1^n \\ &= (2-1)(2^{n-1} + 2^{n-2} + 2^{n-3} + \cdots + 2^2 + 2 + 1) \\ &= 2^{n-1} + 2^{n-2} + 2^{n-3} + \cdots + 2^2 + 2 + 1 \end{aligned}$$

이다.

여기서 $2^n - 1$ 은 **'[1번 원판]부터 [**n**번 원판]이 움직인 횟수의 총합'**이고, 앞에서 언급했듯이

[n번 원판]은 1회

[$(n-1)$번 원판]은 2회

[$(n-2)$번 원판]은 2^2회

$\cdots$

[2번 원판]은 2^{n-2} 회

[1번 원판]은 2^{n-1} 회 이동한다.

위의 결과는 어디까지나 추측의 결과이다. n개의 원판을 옮기는 최소이동횟수는 당연히 [1번 원판]부터 [n번 원판]이 움직인 각각의 최소이동횟수의 합이 되어야 한다. 그럼에도 위와 같은 추측이 사실인지에 대한 증명은 반드시 필요하다. 수학은 엄밀히 증명된 사실만을 참으로 받아들이기 때문이다. 이에 대한 증명을 하기 전에 각 원판이 움직이는 규칙을 확인할 필요가 있다.

Quiz 12.

n개의 원판을 다른 기둥으로 옮길 때, [1번 원판]과 [2번 원판]이 움직이는 규칙을 나열하면?

원판을 옮기다 보면 어렵지 않게 다음 규칙을 발견할 수 있다.

- **[2번 원판]은 [1번 원판]위에 놓일 수 없다.**
- **[1번 원판]은 모든 원판들의 가장 위에 놓여 있다.**
- **[2번 원판]은 [1번 원판]이 위에 없을 때만 움직인다.**
- **[1번 원판]은 [2번 원판] 위에 있거나 다른 원판의 위에 있다.**
- **[2번 원판]은 [1번 원판] 아래에 있거나 다른 기둥의 가장 위에 놓여있다.**

〈Quiz 12〉에서 얻은 [1번 원판]과 [2번 원판]의 움직이는 성질을 이용하여 [2번 원판]이 언제 움직이는지 알 수 있다.

Quiz 13.

n개의 원판을 다른 기둥으로 옮길 때, [2번 원판]이 움직이는 규칙과 성질, 그리고 움직인 횟수를 말하여라.

〈Quiz 12〉에서 얻은 결과를 바탕으로 생각해보면 '**[1번 원판]은 시행횟수가 홀수일 때마다 움직이며, 2회 중의 1회는 [2번 원판] 위에 놓인다**'는 사실을 발견할 수 있다. 따라서 **[2번 원판]이 움직이는 경우는**

-시행횟수가 짝수이고

-[1번 원판]이 위에 없을 때

만 움직인다는 사실을 알 수 있다.

[2번 원판]은 [1번 원판] 다음으로 많이 움직이며 정확히 몇 회 움직이는지 구할 수 있다.

예를 들어, **원판이 4개인 경우**를 생각해보자.

아래 그림은 **[2번 원판]이 움직일 수 있는 모든 시행**을 보여준다.

1회

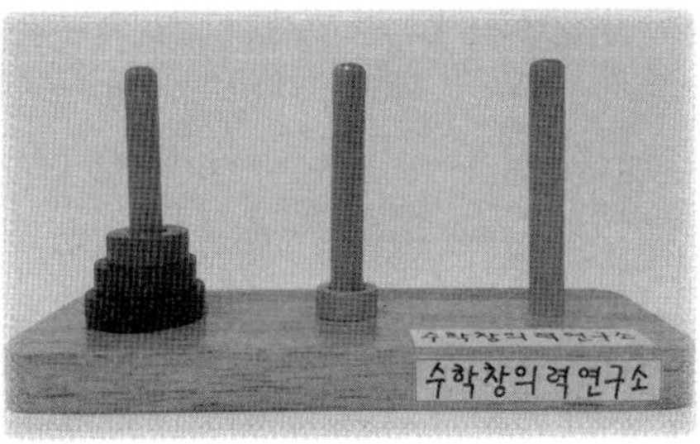

5회

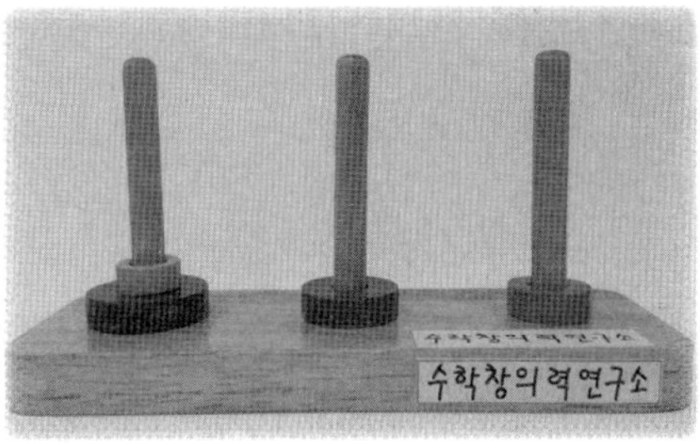

9회

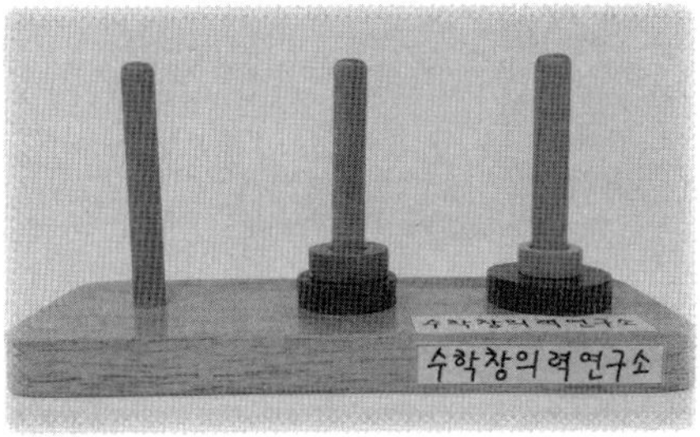

13회

위의 그림에서 **[2번 원판]**은 시행횟수가 **2회, 6회, 10회, 14회**인 경우에 움직임을 알 수 있다.

위의 수들을 보고 '등차수열'이 떠오르는가?

좀 더 생각해보면…, 위의 수들은 **4로 나눴을 때 나머지가 2인 수**들임을 알 수 있다.

즉, n**개의 원판을 다른 기둥으로 옮기는 최소이동횟수** 2^n-1 **에서 '[2번 원판]이 움직이는 시행횟수'는 '4로 나눴을 때 나머지가 2가 되는 수'들의 개수이다!**

따라서 n개의 원판을 옮기는 최소이동횟수에서 **[2번 원판]이 움직인 횟수**는 다음과 같다.

$n \geq 2$ 일 때 2^n은 4의 배수이므로 1부터 2^n-1 까지 자연수 중에서 **4로 나눴을 때 나머지가 2인 수들의 개수와 같다.**

$$\frac{2^n}{4}=2^{n-2}$$

Quiz 14.

n**개의 원판을 옮기는 최소이동횟수에서 [1번 원판]부터 [**n**번 원판]까지 각 원판이 움직인 횟수를 모두 구하여라.**

〈Quiz 13〉에서 얻은 결과를 바탕으로 나머지 모든 원판의 움직인 횟수를 구할 수 있다.

[1번 원판], [2번 원판] 그리고 [n번 원판]을 제외한 나머지 원판의 이동횟수를 구하면 다음과 같다.

원 판	움직인 횟수
[3번 원판]	2^{n-3}
[4번 원판]	2^{n-4}
…	…
[($n-1$)번 원판]	2

그렇다면 n개의 원판이 옮겨진 횟수를 모두 더하면 최소이동횟수 2^n-1 이 될까?

[1번 원판]부터 [n번 원판]까지의 최소이동횟수를 모두 더해보자!

$$2^{n-1}+2^{n-2}+2^{n-3}+\cdots+2^2+2+1$$

매우 익숙한 **'등비수열의 합'**이 됨을 알 수 있는가?

첫 번째 항 = 1, 공비 = 2

기억이 나지 않으면 앞부분에서 언급한 등비수열 내용을 확인하면 된다.
따라서 앞 식의 합을 S_n이라 하면

$$\begin{aligned} S_n &= 1+2+2^2+\cdots+2^{n-2}+2^{n-1} \\ &= \frac{2^n-1}{2-1} = 2^n-1 \end{aligned}$$

이로써 우리는 n개의 원판을 다른 기둥으로 옮기는 최소이동횟수 $T(3,n)$에서

$$T(3,n)=2^n-1$$

은 n개의 원판 각각이 움직인 횟수의 합

$$1+2+2^2+\cdots+2^{n-2}+2^{n-1}$$

으로 표현될 수 있음을 알게 되었다!

이와 같은 결과는 몇 개의 원판을 직접 옮겨 가면서 확인 할 수 있다. 원판의 개수가 1개, 2개, 3개, 4개 인 경우에 원판을 직접 옮겨가면서 각 원판이 움직인 횟수를 세어보면 위의 사실이 정확함을 확인할 수 있다.

예를 들어, **기둥 A**에 있는 **6개의 원판을 기둥 C**로 옮길 때 각 원판이 움직인 횟수를 확인해 보자!

[1번 원판] 이 움직인 횟수 : $2^5 = 32$

[2번 원판] 이 움직인 횟수 : $2^4 = 16$

[3번 원판] 이 움직인 횟수 : $2^3 = 8$

[4번 원판] 이 움직인 횟수 : $2^2 = 4$

[5번 원판] 이 움직인 횟수 : 2

[6번 원판] 이 움직인 횟수 : 1

따라서 **6개의 원판이 움직인 최소이동횟수**는

$$1+2+2^2+2^3+2^4+2^5=2^6-1=63$$

하노이 탑에서 n개의 원판을 다른 기둥으로 보내는 최소이동횟수 $2^n - 1$ 이 2의 거듭제곱의 합으로 표현됨을 알았다.

또한 각 항이 [1번 원판]부터 [n번 원판]까지의 최소이동횟수를 나타내고 있음도 발견하였다.

수학적 엄밀성

지금까지 각 원판이 움직인 횟수에 대한 탐구 결과와 성질에 대해 설명했다.

하지만 앞에서 제시한 **'일반화'** 즉, n개의 원판을 옮기는 최소이동횟수에서 각 원판이 움직인 횟수는 **'추정'**이었음을 이해하는가?

수학에서는 몇 가지 실험에 의해 나온 결과를 바탕으로 하여 추정된 사실을 '옳다'고 판단할 수 없다. 단지 옳다고 '주장'하는 것으로, 당연히 추정만으로는 그 성질이 옳다고 판단내릴 수 없다.

어떤 성질의 옳고 그름은 정확하고 논리적인 '증명'에 의해 판단한다.

이와 같은 **'수학적 엄밀성'**을 얻기 위해서는 좀 어렵더라도 논리적인 증명과정을 거쳐야 한다.

각 원판이 움직인 횟수에 대한 성질을 증명해 보자!

단 증명이 어렵게 느껴지면 자세한 증명과정의 이해는 건너뛰어도 무방하다. 하노이 탑의 탐구 과정에서 수학적 실력보다는 직관적 이해가 오히려 도움이 될 수 있기 때문이다.

정리 1

반지름의 길이가 서로 다른 n개의 원판을 크기가 작은 것부터 차례대로 $n_1, n_2, n_3, \cdots, n_n$이라 하자.

n개의 원판을 최소이동횟수로 다른 기둥으로 옮길 때, [k번째 원판]의 이동횟수는 다음과 같다.

$$2^{n-k} \text{ 회}$$

증명

n_k의 이동횟수를 $f(n_k)$라 하고, **수학적 귀납법**으로 증명하여 보자.

$n=1$인 경우

$f(n_1)=1$ (성립)

$n=i$인 경우

$f(i_k)=2^{i-k}$ $(1 \le k \le i)$가 성립한다고 가정하면

$n=i+1$인 경우

$$
\begin{aligned}
f((i+1)_k) &= f(i_k)+f(i_k) \\
&= 2^{i-k}+2^{i-k} \\
&= 2^{(i+1)-k}
\end{aligned}
$$

(성립)』

<정리 1>의 결과는 원판의 이동규칙 또는 조건을 변형하여 **'변형 하노이 탑'**을 만들고 변형 하노이 탑의 다양한 규칙을 탐구하는데 많은 도움이 되므로 잘 기억해 주길 바란다.

Chapter 07

이진법을 이용한 원판의 이동규칙 탐구

1. 이진법과 최소이동횟수
2. 이진법 표현과 원판의 이동 규칙

07

Chapter

이진법을 이용한 원판의 이동규칙 탐구

1. 이진법과 최소이동횟수

n개의 원판을 다른 기둥으로 옮기는 최소이동횟수 $2^n - 1$ 은 이항정리에 의해

$$2^n - 1 = 2^{n-1} + 2^{n-2} + 2^{n-3} + \cdots + 2^2 + 2 + 1$$

임을 알았다.

이 식은 2의 거듭제곱의 합으로 표현되어 있는데, 이와 같은 식의 표현은 **'이진법'**으로 나타낸 수를 **'십진법'**으로 변환할 때 사용한다.

그렇다면 이와 같은 **최소이동횟수에 대한 성질을 '이진법'과 관련지어 탐구할 수 있지 않을까?**

이진법을 사용하여 원판의 이동규칙을 탐구하는 아이디어는 단지 최소이동횟수의 지수표현에서 얻은 결과이다. '수 또는 규칙을 표현하는 방법의 중요성'을 강조하고 싶다.

n개의 원판을 옮기는 최소이동횟수를 이진법으로 표현하면

$$\begin{aligned} 2^n - 1 &= 2^{n-1} + 2^{n-2} + 2^{n-3} + \cdots + 2^2 + 2 + 1 \\ &= 11 \cdots 1_{(2)} \end{aligned}$$

(이진법 n자리)

예를 들어, **원판의 개수가 4개**인 경우를 생각해 보자.

4개의 원판을 다른 기둥으로 옮기는 최소이동횟수는

$$2^4 - 1 = 2^3 + 2^2 + 2 + 1$$

이고, 이 수를 이진법으로 나타내면

$$\begin{aligned} 2^4 - 1 &= 1 \cdot 2^3 + 1 \cdot 2^2 + 1 \cdot 2 + 1 \\ &= 1111_{(2)} \end{aligned}$$

원판의 개수가 5개인 경우는 최소이동횟수는 $T(3,5) = 2^5 - 1$ 이고 이진법으로 나타내면

$$\begin{aligned} 2^5 - 1 &= 1 \cdot 2^4 + 1 \cdot 2^3 + 1 \cdot 2^2 + 1 \cdot 2 + 1 \\ &= 11111_{(2)} \end{aligned}$$

따라서 **원판의 개수가 n개인 경우**는 최소이동횟수 $T(3,n) = 2^n - 1$ 이고 이진법으로 표현하면 일정한 규칙을 찾을 수 있다고 추정할 수 있다. 그렇다면 최소이동횟수를 이진법으로 표현할 때 발견할 수 있는 규칙에는 무엇이 있을까?
이와 같은 궁금증을 잠시 뒤로하고 먼저 알아보아야 할 것이 있다.

[이진법표현과 원판의 이동 규칙]

k번째 시행에서 옮겨진 원판

이번에는 n개의 원판을 다른 기둥으로 옮기는 과정에서 **'k번째 시행'에서 옮겨진 원판**에 대해 생각해 보자. ($1 \le k \le 2^n - 1$)

기둥 A에 있는 n개의 원판을 최소이동횟수로 기둥 C로 옮기는 과정을 생각해보자. 이미 우리는 1회 시행에서는 [1번 원판]이 옮겨지고 $2^n - 1$ 회 시행에서는 [n번 원판]이 옮겨짐을 알 수 있다. 더 나아가 2회 시행에서는 [2번 원판]이 옮겨진다는 것도 알 수 있다.

그렇다면 k번째 시행에서 옮겨진 원판을 정확히 알 수 있을까?

결론부터 말하자면 이진법 표현을 이용하면 직접 시행하면서 확인하지 않고도 각 시행에서 이동한 원판이 몇 번 원판인지 정확히 알 수 있다. 하지만 처음부터 일반화된 지식을 얻는 것은 매우 어렵기 때문에 이번에도 원판의 개수를 줄여서 규칙을 찾는 '단순화' 방법으로 기본적인 규칙을 찾도록 하겠다.

원판의 개수가 3개인 경우를 보자.

1회-[1번 원판]

2회-[2번 원판]

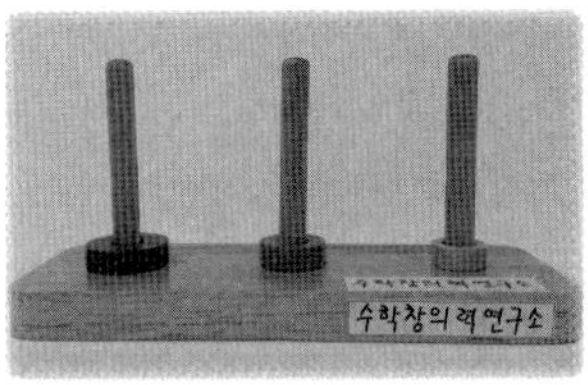

3회-[1번 원판]

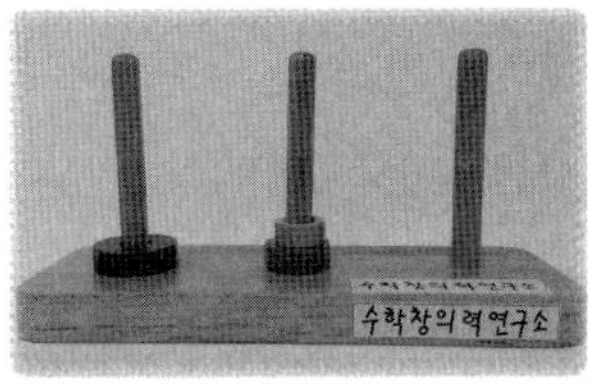

4회-[3번 원판]

5회-[1번 원판]

6회-[2번 원판]

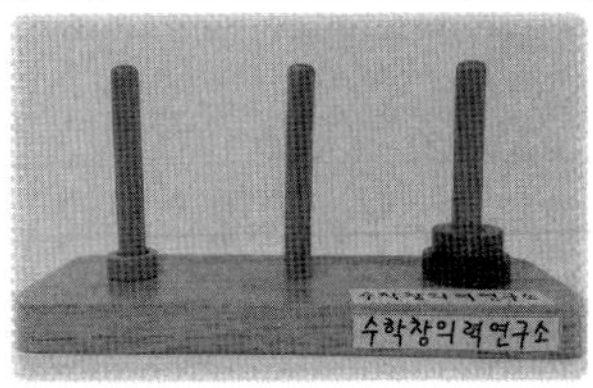

7회-[1번 원판]

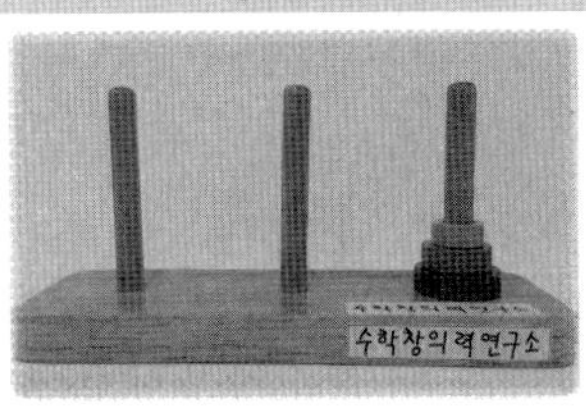

위 그림에서 볼 수 있듯이 시행횟수가

홀수인 경우에 움직인 원판 – [1번 원판]
짝수인 경우에 움직인 원판 – [2번 원판] 또는 [3번 원판]

또한 [3번 원판]은 4회에 오직 한 번 움직인다. 따라서 **[1번 원판]**과 제일 큰 **[n번 원판]**이 움직인 시행횟수는 일반화 하여 표현 가능함을 알 수 있다.

n개의 원판을 옮기는 경우 **[1번 원판], [n번 원판]**이 움직이는 시행은 다음과 같음을 알 수 있다.

[1번 원판] – 시행횟수가 '홀수'일 때

[n번 원판] – 시행횟수가 $\dfrac{(2^n-1)+1}{2}$ 일 때

다음으로, 기둥 A에 있는 3개의 원판을 기둥 C로 옮기는 경우에 이동횟수를 이진법 표현과 연관하여 다음과 같은 생각을 해보자!

이동횟수를 이진법으로 표현해 보면 어떨까?

혹시 이진법표현에서 '원판' 또는 '원기둥' 사이의 일정한 규칙을 발견할 수 있지 않을까?

원판을 옮기는 최소이동횟수가 **'2의 거듭제곱'**으로 표현되는 성질에서 어느 정도의 연관성이 있음을 추정할 수 있다. 이와 같이 서로 다른 개념을 연관하여 생각하는 습관이 수학적 창의성을 기를 수 있다.

그럼··· **이동횟수를 이진법으로 표현**해보고 어떤 규칙이 있는지 찾아보도록 하자!

더하여 각 이동횟수에서 **원판이 이동한 기둥**에서도 어떤 규칙이 있는지 찾아보면 좋을 듯하다.

Quiz 15.

n개의 원판을 다른 기둥으로 옮기는 최소이동횟수를 이진법으로 표현하고, 이진법 표현과 원판 또는 기둥 사이에 어떤 규칙이 있는지 설명하여라.

이번에도 **단순화!!**

먼저 원판의 개수를 줄여서 생각해보자!

즉, 원판의 개수가 **3개인 경우**와 **4개인 경우**에 최소이동횟수를 이진법으로 변형한 후에 **이진법표현과 원판 또는 원기둥 사이의 규칙**을 찾는 '단순화' 과정을 진행해보자.

이와 같은 단순화 과정은 일반화에 대한 매우 유용한 정보를 제공해줄 것이다.

3개의 원판을 옮기는 경우

원판의 이동횟수를 **'이진법 표현'**으로 나타내고 **'움직인 원판'**, 그리고 **'움직인 기둥'**을 표로 나타내면 규칙을 찾는데 많은 도움이 된다.

먼저 기둥 A에 있는 3개의 원판을 기둥 C로 옮기는 경우에 대해서 알아보자!

이동 횟수	이진법 표현	움직인 원판	처음 기둥	이동한 기둥
1	001	1번	A	C
2	010	2번	A	B
3	011	1번	C	B
4	100	3번	A	C
5	101	1번	B	A
6	110	2번	B	C
7	111	1번	A	C

위 표에서 규칙을 쉽게 발견하는 방법은 **'각 원판이 움직인 이동 횟수를 나누어 생각'** 하는 것이다.

[1번 원판] – 001, 011, 101, 111
[2번 원판] – 010, 110
[3번 원판] – 100

규칙을 발견하였는가?

아직도 규칙이 보이지 않는다면… 좀 더 많은 정보를 제공하면 도움이 될 것이다.

원판의 개수가 4개인 경우를 확인해보자!

4개의 원판을 옮기는 경우

원판의 이동규칙을 이진법과 연관하여 관찰하기 위해 4개의 원판을 다른 기둥으로 옮기는 횟수를 이진법으로 표현해보자!

아마도 규칙을 직관적으로 이해할 수 있을 것이다.

힌트를 주자면

각 원판이 움직인 시행과 이진법 표현에서 오른쪽 끝자리에서부터 숫자 1이 몇 번째에 오는가에 주목해보자!

이동 횟수	이진법 표현	움직인 원판	처음 기둥	이동한 기둥
1	0001	1번	A	C
2	0010	2번	A	B
3	0011	1번	C	B
4	0100	3번	A	C
5	0101	1번	B	A
6	0110	2번	B	C
7	0111	1번	A	C
8	1000	4번	A	B
9	1001	1번	C	B
10	1010	2번	C	A
11	1011	1번	B	A
12	1100	3번	C	B
13	1101	1번	A	C
14	1110	2번	A	B
15	1111	1번	C	B

Quiz 16.

원판의 '이동횟수'를 '이진법'으로 표현할 때 찾을 수 있는 규칙을 말하여라.

기둥이 3개인 경우와 4개인 경우에 이동횟수를 이진법으로 표현한 표를 참고하면 많은 도움이 될 것이다.

이진법 표현에서 발견되는 규칙!!

원판의 이동횟수를 이진법으로 표현할 때 각 횟수에서 움직인 원판은 이진법 표현의 자릿수를 보고 알 수 있다. 즉,

[1번 원판]이 움직이는 규칙

이진법의 '1의 자릿수'가 1

[2번 원판]이 움직이는 규칙

이진법의 '1의 자릿수'가 0, '2의 자릿수'가 1

[3번 원판]이 움직이는 규칙

이진법의 '1의 자릿수'와 '2의 자릿수'가 0, '2^2의 자릿수'가 1

이와 같은 규칙에 의해 [n번 원판]이 움직이는 규칙을 찾고 이를 일반화 할 수 있다.

[n번 원판]이 움직이는 규칙

이진법의 '1의 자릿수'부터 '2^{n-2}의 자릿수'까지 0, '2^{n-1}의 자릿수'가 1

이 성질은 원판의 개수와 상관없이 항상 성립하며 이동횟수만 이진법으로 표현할 수 있으면 움직인 원판을 알 수 있다.

Quiz 17.

기둥 A에 있는 6개의 원판을 다른 기둥으로 옮기는 최소이동횟수는 $2^6-1=63$이다. 이동횟수가 21회와 54회에 이동한 원판을 말하여라.

'21회'에 움직인 원판

$$21 = 16+4+1$$
$$= 1\times 2^4+0\times 2^3+1\times 2^2+0\times 2+1$$
$$= 10101_{(2)}$$

따라서 21회 시행에서 움직인 원판은 [1번 원판]이다.

'54회'에 움직인 원판

$$54 = 32+16+4+2$$
$$= 1\times 2^5+1\times 2^4+0\times 2^3+1\times 2^2+1\times 2$$
$$= 110110_{(2)}$$

따라서 54회 시행에서 움직인 원판은 [2번 원판]이다.

2 이진법 표현과 원판의 이동 규칙

원판의 이동횟수를 이진법으로 표현할 때, 자릿수를 이용하여 각 횟수에서 이동한 원판을 알 수 있음을 확인했다. 그럼 **각 이동횟수에서 이동한 원판이 어느 기둥에서 어느 기둥으로 이동하는지 알 수 있을까?**

아마도 이동한 원판의 규칙보다는 좀 더 어렵게 느껴질 것이다.

실제 원판이 이동한 규칙을 일반화하는 것은 깊이 있는 수학적 배경 지식이 필요하다. n번째 시행에서 움직인 원판과 그 원판이 움직인 기둥을 바로 알려주는 일반화된 식을 만드는 것은 대학수준 이상의 수학적 지식이 필요하지만, 이 책에서 다룬 내용만으로도 충분히 이에 대한 답을 얻을 수 있다. 그와 관련된 개념은

- 원판의 기우성
- 이진법 표현을 이용한 원판의 이동 규칙

- 원판의 최소이동경로

등으로 원판과 그 원판이 이동한 기둥을 찾을 수 있다.

Quiz 18.

기둥 A에 있는 4개의 원판을 기둥 B로 옮길 때, 이진법 표현을 이용하여 원판이 움직이는 기둥들 사이의 규칙을 말하여라.

다음의 표를 잘 관찰하자!

이동 횟수	이진법 표현	움직인 원판	처음 기둥	이동한 기둥
1	0001	1번	A	C
2	0010	2번	A	B
3	0011	1번	C	B
4	0100	3번	A	C
5	0101	1번	B	A
6	0110	2번	B	C
7	0111	1번	A	C
8	1000	4번	A	B
9	1001	1번	C	B
10	1010	2번	C	A
11	1011	1번	B	A
12	1100	3번	C	B
13	1101	1번	A	C
14	1110	2번	A	B
15	1111	1번	C	B

각 원판이 움직이는 **'경로'**가 매우 일정함을 알 수 있다.

나중에 간단히 언급하겠지만, 이와 같이 각 원판이 최소이동횟수로 움직이는 경로를 **'최소이동경로'**라고 한다.

기둥 A에 있는 4개의 원판을 기둥 B로 옮기는 경우

[1번 원판]의 이동 경로 :

A→C→B→A→C→B→A→C→B

[2번 원판]의 이동 경로 :

A→B→C→A→B

[3번 원판]의 이동 경로 :

A→C→B

[4번 원판]의 이동 경로 :

A→B

임을 확인할 수 있다.

특히 [1번 원판]이 이동하는 경로에서 원판이 위치하는 기둥이 일정한 '주기'로 표현됨을 알 수 있다.

그렇다면 **기둥 A에 있는 4개의 원판을 기둥 C로 옮기는 경우에는 원판의 최소이동경로가 어떻게 될까?**

원판 개수의 기우성에 따라 [1번 원판]이 움직이는 규칙에 따라 각 원판이 움직이는 기둥이 정해지므로 다음과 같은 최소이동경로를 갖게 된다.

[n번째 시행에서 움직인 원판과 기둥]

기둥 A에 있는 4개의 원판을 기둥 C로 옮기는 경우

[1번 원판]의 이동 경로 :

A→B→C→A→B→C→A→B→C

[2번 원판]의 이동 경로 :

A→C→B→A→C

[3번 원판]의 이동 경로 :

A→B→C

[4번 원판]의 이동 경로 :

A→C

마찬가지로 [1번 원판]의 경로를 관찰하면 원판이 위치하는 기둥의 순서에 일정한 **'주기'**가 있음을 알 수 있다. 즉 기둥 A에 있는 4개의 원판을 이동할 때 **[1번 원판]**의 **주기**는

기둥 B로 이동하는 경우 A→C→B

기둥 C로 이동하는 경우 A→B→C

기둥 A에 있는 5개의 원판을 기둥 C로 옮기는 경우

기둥 A에 있는 원판을 **기둥 C**로 옮길 때, **원판의 기우성**에 의해 **원판의 개수가 5개인 경우**에는 원판의 이동경로가 다음과 같음을 알 수 있다.

[1번 원판]의 이동 경로 :

A→C→B→A→C→B→A→C→B→A→C→B→A→C→B→A→C

[2번 원판]의 이동 경로 :

A→B→C→A→B→C→A→B→C

[3번 원판]의 이동 경로 :

A→C→B→A→C

[4번 원판]의 이동 경로 :

A→B→C

[5번 원판]의 이동 경로 :

A→C

즉, 5개의 원판을 **기둥 A**에서 **기둥 C**로 옮길 때 나타나는 성질...

[1번 원판], [3번 원판]의 주기는 A→C→B

[2번 원판], [4번 원판]의 주기는 A→B→C

Quiz 19.

기둥 A에 있는 n개의 원판을 기둥 C로 옮길 때, 원판이 움직이는 기둥에 관한 규칙을 말하여라.

원판의 개수가 4개인 경우와 5개인 경우에 원판의 이동 경로를 관찰하면 **[홀수 번 원판]**과 **[짝수 번 원판]**에 따라 각각의 경우에 일정한 이동경로가 있음을 알 수 있었다. 즉, 원판의 개수 n의 값이 짝수인 경우와 홀수인 경우에 따라 각 원판의 최소이동경로가 다르게 결정된다.

예를 들어 원판의 개수 n이 홀수인 경우에 **원판의 최소이동경로는 다음과 같다.**

[홀수 번 원판] :

A→C→B→A→C→B→⋯

[짝수 번 원판] :

A→B→C→A→B→C→⋯

따라서 **기둥 A**에 있는 원판의 개수가 **'홀수'**, 또는 **'짝수'**인 경우, 그리고 움직이는 원판이 **'홀수 번 원판'**과 **'짝수 번 원판'**이냐에 따라서 각 원판은 일정한 **'주기'**를 갖게 된다.

이와 같은 성질을 정리하면 다음과 같다.

기둥 A에 있는 원판의 개수가 '홀수'인 경우 원판이 움직이는 주기

[홀수 번 원판] : A→C→B

[짝수 번 원판] : A→B→C

기둥 A에 있는 원판의 개수가 '짝수'인 경우 원판이 움직이는 주기

[홀수 번 원판] : A→B→C

[짝수 번 원판] : A→C→B

이와 같은 규칙을 이해하면 **'원판의 개수'**와 **'이동횟수'**만 알면 **'몇 번 원판'**이 **'어느 기둥'**에서 **'어느 기둥'**으로 움직이는지 정확히 알 수 있다.

Quiz 20.

기둥 A에 있는 4개의 원판을 기둥 C로 옮길 때, 각 원판이 몇 번째 시행에서 움직이는지 말하여라.

원판을 하나씩 옮기는 각 시행에서 **'움직인 원판'**은 **'이진법 표현'**에서 알 수 있다.

예를 들어 이진법 표현에서 **'1의 자리수가 1인 경우'**에 **[1번 원판]**이 움직인다. 즉,

0001 (1), 0011 (3), 0101 (5), 0111 (7),
1001 (9), 1011 (11), 1101 (13), 1111 (15)

이다. 따라서 **[1번 원판]이 움직이는 시행**은 **1회, 3회, 5회, 7회, 9회, 11회, 13회, 15회**이고, 총 이동횟수는 $2^3 = 8$ 회임을 알 수 있다.

이와 같은 방법으로 나머지 원판들도 **'이동한 시행'**과 **'총 이동횟수'**를 알 수 있다.

원판	총 이동횟수	이동한 시행
[1번]	$2^3 = 8$	1회, 3회, 5회, 7회, 9회, 11회, 13회, 15회
[2번]	$2^2 = 4$	0010 (2), 0110 (6), 1010 (10), 1110 (14)
[3번]	2	0100 (4), 1100 (12)
[4번]	1	1000 (8)

Quiz 21.

기둥 A에 있는 6개의 원판을 기둥 C로 옮길 때, 이동횟수 52회에서 '움직인 원판'과 '움직인 기둥'을 말하여라.

'52회'에 움직인 원판

$$52 = 32+16+4$$
$$= 1\times 2^5 \times 1\times 2^4 + 0\times 2^3 + 1\times 2^2 + 0\times 2$$
$$= 110100_{(2)}$$

따라서 52를 이진법으로 표현했을 때, 오른쪽 끝에서부터 3번째 자리에서 처음으로 0이 아닌 1이 나오므로, 52회 시행에서 움직인 원판은 **[3번 원판]이다.**

'52회'에서 [3번 원판]이 움직인 기둥

6개의 원판, 즉 **'짝수'**개의 원판이므로 홀수 번 원판인 **'[3번 원판]'**이 움직이는 **주기**는 A→C→B 따라서 **'52회'**가 [3번 원판]의 **'몇 번째 시행'**인지 확인하면 움직이는 **'기둥'**을 알 수 있다. 즉

시행횟수를 3으로 나눈 나머지가

1 인 경우 : A → C

2 인 경우 : C → B

0 인 경우 : B → A

다음으로 52번째 시행에서 **[3번 원판]이 움직인 횟수**를 알아보자.

이진법 표현에서 **오른쪽 세자리가 '100'으로 끝나는 수**를 찾으면 된다.

[3번 원판]이 움직인 시행

000100 (4), 001100 (12), 010100 (20),

011100 (28), 100100 (36), 101100 (44),

110100 (52)

따라서 **52회는 [3번 원판]이 7회째 이동한 시행**이고

$$7 = 3 \times 2 + 1$$

이므로 [3번 원판]의 **'이동주기'**에 의해

$$\text{A} \rightarrow \text{C}$$

결론적으로 **52회 시행에서는 [3번 원판]이 기둥 A에서 기둥 C로 옮겨진다.**

이와 같이 원판의 이동횟수를 이진법으로 표현할 때 발견되는 규칙은 Lavallee(1985)에 의해 연구되었다. 그의 연구 결과를 아는 것이 도움이 되겠지만 아무래도 전공 수학의 배경지식이 필요하여 자세한 증명은 생략하였으며 정리의 내용만 참고하길 바란다.

정리 2

n개의 원판이 있는 하노이 탑에서 최소시행횟수로 n개의 원판을 다른 기둥으로 옮길 때, k번째 시행에서 움직이는 원판 k_d는

$$k_d = \min\{c \in \{1,2,3,\cdots,n\} | 2^c \nmid k\}$$

세 기둥 A, B, C에 대하여 기둥 A를 0, 기둥 B를 1, 기둥 C를 2라 하면 <정리 3>이 성립한다.

정리 3

앞의 정리에서 k번째 시행에서 움직인 원판 k_d는 기둥 i에서 기둥 j로 이동한다.

$$i = \left\{\left(\frac{k}{2^{k_d}} - \frac{1}{2}\right)(n - k_d)_{\text{mod}2} + 1\right\}_{\text{mod}3}$$

$$j = \left\{\left(\frac{k}{2^{k_d}} + \frac{1}{2}\right)(n - k_d)_{\text{mod}2} + 1\right\}_{\text{mod}3}$$

정리 4

원판 k가 시행 횟수 2^{k-1}번째 처음 움직이고 그 이후에는 2^{k}번째마다 이동한다. 또한 원판의 수 n의 기우성에 따른 이동경로의 성질을 이용하여 k번째 시행 후에 원판 k_d가 어느 기둥에 위치하는지를 증명하였다.

정리 5

원판의 개수가 n인 하노이 탑에서 최소시행횟수로 n개의 원판을 다른 기둥으로 옮길 때, k번째 시행 후에 원판 k_d가 위치한 기둥은 i는 다음과 같다.

$m = \max\{c|2^{k_d-1}+(c-1)2^{k_d} \leq k\}$인 m 에 대하여

$i = \{(-1)^{k_d+n}m\}_{\mathrm{mod}3}$

Chapter

08 하노이 그래프

1. 하노이 그래프 만들기
2. 하노이 그래프에서 순서쌍 표현

08 하노이 그래프

Chapter

다음으로 원판의 **최소이동 경로**에 대해 생각해보자.

하노이 탑에서 **'원판의 이동은 일정한 규칙'**을 따르며 그 규칙에 의해 모든 원판을 다른 기둥으로 옮기는 '**최소이동 경로'**가 만들어진다.

예를 들어 **기둥 A**에 있는 n개의 원판을 **기둥 C**로 옮길 때 **[1번 원판]이 1회 시행에서 움직이는 기둥은**

n이 짝수인 경우 : 기둥 A

n이 홀수인 경우 : 기둥 B

로 이동한다.

[1번 원판]이 움직이는 기둥에 따라서

[2번 원판]부터 [n번 원판]까지의 원판이 이동하는 기둥이 정해진다.

이와 같이 원판이 **최소이동횟수로 이동하는 경로**를 **'하노이 그래프(Hanoi Graph)'**라 한다.

기둥이 3개인 하노이 탑에서 2개의 조건에 따라 원판이 움직이는 경우에 n개의 원판을 다른 기둥으로 모두 옮기는 최소이동횟수는 **Frame(1941)**과 **Stewart(1941)**의 연구가 대표적이다.

특히, **Stewart**는 이동하는 원판의 위치를 순서쌍으로 표현하고, 이 순서쌍을 점으로 표시한 다음에 원판이 이동하는 경로를 선으로 연결하여 **하노이 그래프 (Hanoi Graph)**로 표현하였다.

당시의 논문에는 n개의 원판을 옮기는 최소이동횟수를 점화식을 통해 $2^n - 1$로 계산하였으나 1981년 **Wood**가 원판을 이동시키는 **최소시행의 해가 유일함**을 증명하기 전까지 이 값이 최적해인지에 대한 연구가 진행되지 않았다.

하지만 **Stewart**의 하노이 그래프를 이용하면 간단하면서도 시각적으로 최소이동경로를 확인할 수 있다. 그럼... **Stewart**의 하노이 그래프를 직접 만들어 보자!

1. 하노이 그래프 만들기

하노이 그래프는 **꼭짓점**과 두 꼭짓점을 연결하는 **선분**으로 이뤄지며, **꼭짓점**은 **원판이 위치하고 있는 기둥의 이름들의 순서쌍 선분**은 **원판이 움직일 수 있는 경로**를 나타낸다. 하노이 그래프는 삼각형 모양으로 그려지며 밑변을 제외하고 왼쪽과 오른쪽의 2개의 변은 기둥 A에 있는 모든 원판을 기둥 B 또는 기둥 C로 옮기는 최소이동경로를 나타낸다. 따라서 하노이 탑에서 원판이 옮겨지는 최소이동경로를 탐구할 때 하노이 그래프가 매우 요긴하게 쓰일 수 있다.

기둥이 3개인 하노이 탑의 경우는 [목적기둥]으로 옮기는 최소이동경로가 유일하다. 반면에 기둥을 4개 이상으로 늘려서 만든 변형 하노이 탑에서는 [목적기둥]으로 옮기는 최소이동경로가 유일하지 않다.

이와 같은 이유로 기둥이 4개 이상인 변형 하노이 탑에서 최소이동횟수를 구하기 위해서는 최소이동횟수를 만드는 최소이동경로를 찾고 그 경로가 최소임을 증명해야 하는 난제가 아직까지 수학계에 미해결 문제로 남아 있다.

더 나아가 기둥이 3개인 하노이 탑의 그래프는 2차원 평면으로 어렵지 않게 그릴 수 있는 반면에 기둥이 4개인 하노이 탑의 그래프는 최소이동경로개 매우 많아서 3차원 입체로 그리는 것이 적당하다. 하노이 그래프에서는 꼭짓점을 순서쌍으로 표현하는 방법과 원판의 개수와 꼭짓점의 개수와의 관계에 관심을 가지고 읽어보기 바란다.

2. 하노이 그래프에서 순서쌍 표현

하노이 그래프를 순서쌍으로 표현하는 방법을 이해하기 위해서 먼저 3개의 원판이 있는 경우에 원판의 위치를 순서쌍으로 표현하는 방법을 알아보자!

순서쌍 ([1번] 위치, [2] 위치, [3번] 위치)

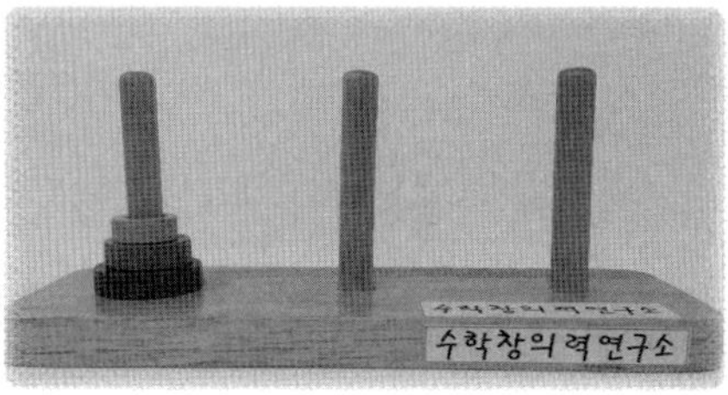	**순서쌍 (AAA)**
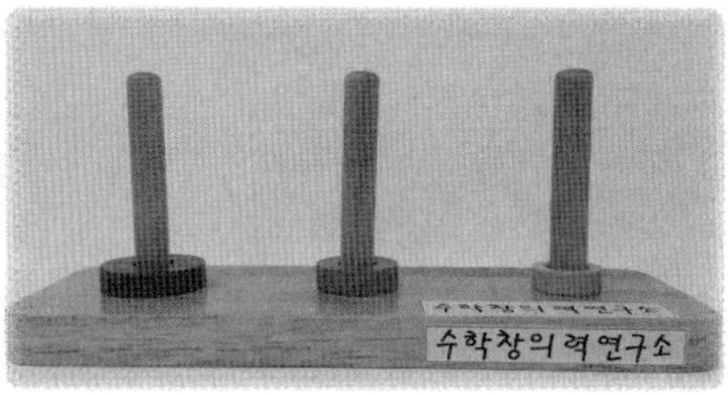	**순서쌍 (CBA)**
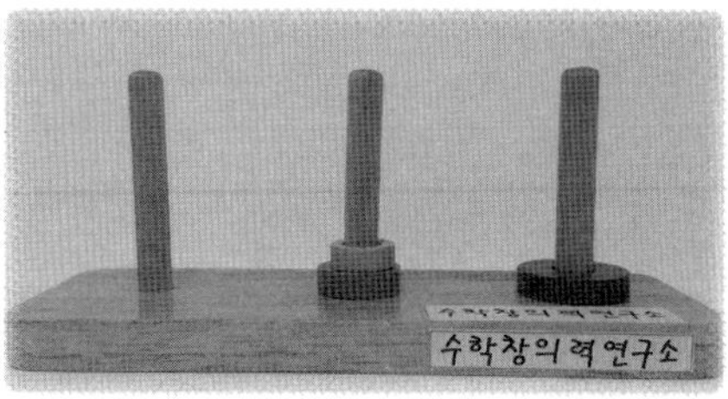	**순서쌍 (BBC)**
	**순서쌍 (CCC)**

이와 같은 규칙에서 **기둥 A**에 있는 **3개의 원판**을 다른 기둥으로 옮길 때의 최소이동경로를 만들어보자. 이 경우에

[1번 원판]이
기둥 B로 이동하는 경우 – 삼각형의 왼쪽 경로
기둥 C로 이동하는 경우 – 삼각형의 오른쪽 경로

를 삼각형 모양의 수형도로 나타내면 **'하노이 그래프'**를 만들 수 있다.

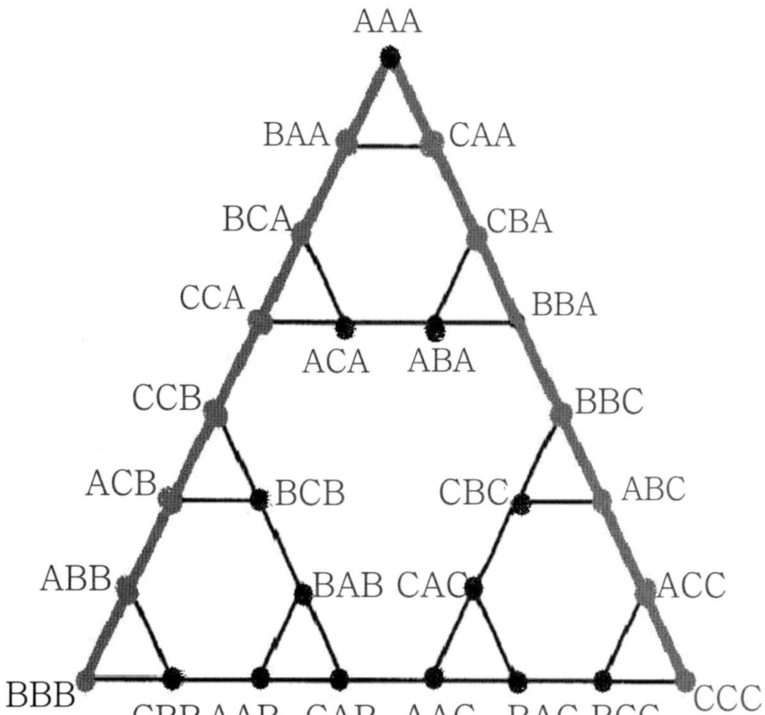

하노이 그래프는 원판을 옮기는 최소이동경로를 보여줌으로써 **원판의 이동횟수가 최소임**을 직관적으로 보여주고 있다.

또한 **기둥이 3개인 하노이 탑**에서는 기둥 A에 있는 모든 원판을 기둥 B, 또는 기둥 C로 옮기는 **최소이동경로가 유일함**을 보여준다.

Qui

기둥 A에 있는 3개의 원판을 다른 기둥으로 옮길 때 그려지는 하노이 그래프에서 '꼭짓점의 개수'와 '원판의 개수'의 관계를 설명하여라.

앞의 그림을 잘 관찰하면 몇 가지 중요한 성질을 알 수 있다.

첫째, 삼각형 모양이 만들어지는 건... 항상 **'[1번 원판]이 움직일 때'**임을 알 수 있다.

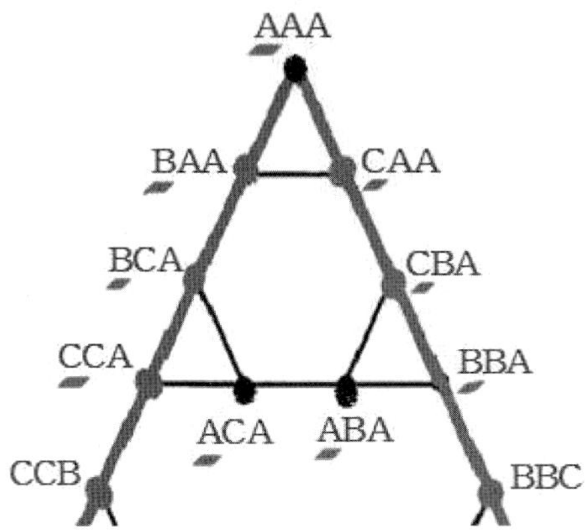

이와 같은 성질은... **[1번 원판]이 움직이는 시행**에서는 **항상 2가지 선택이 가능**한 반면에 [2번 원판]과 [3번 원판]은 [1번 원판]의 경로에 따라 무조건 이동하는 기둥이 결정되기 때문이다.

둘째, [3번 원판]을 제외한 **'[1번 원판]과 [2번 원판] 2개를 다른 기둥으로 옮기는 시행'**에서 **3개의 삼각형** 즉, 9개의 꼭짓점이 생긴다.

[하노이 그래프]

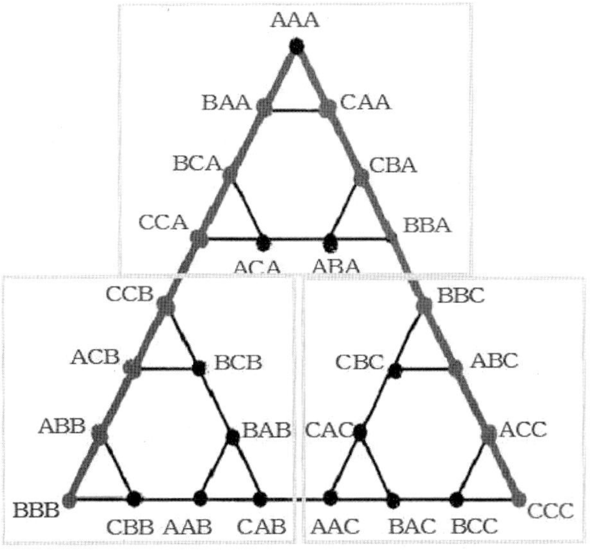

따라서 '2개의 원판을 다른 기둥으로 옮기는 횟수가 $2^2-1=3$이고, 3가지 경우가 나타나므로

꼭짓점의 개수는 $3^3=27$

셋째, '원판의 개수'와 **'꼭짓점의 개수'**를 세면

원판의 개수 - 3개

꼭짓점의 개수 - 27개

이와 같은 3가지 성질을 이용하면 다음과 같은 규칙을 추정할 수 있다.

$$3^{\text{원판의 개수}} = \text{꼭짓점의 개수}$$

이와 같은 성질을 일반화하기 위해서는 좀 더 많은 정보가 필요하다. 원판의 개수가 1개, 2개, 3개, 4개인 경우에 대해서 원판을 옮겨 가면서 하노이 그래프를 직접 그려 보기 바란다.

이런 과정을 거쳐 원판의 개수가 n개인 경우의 하노이 그래프에서 꼭짓점과 순서쌍의 성질을 찾을 수 있다.

실제 시간을 투자하면 다음과 같이 **일반화**가 가능함을 알 수 있다.

기둥 A에 있는 n개의 원판을 다른 기둥으로 옮기는 경로의 **'하노이 그래프'**에서

삼각형의 개수 : 3^{n-1}

꼭짓점의 개수 : 3^{n}

하노이 그래프를 이용하면 처음 위치에서 마지막 위치까지의 **최소이동경로를 시각적으로 확인**할 수 있으며, 원판의 수 n을 크게 하면 프랙탈 기하인

시어핀스키 게스킷(Sierpinski gasket)과 닮은 모양이 그려진다.

하노이 그래프는 **기둥의 개수를 늘리는 변형**에서 매우 중요한 정보를 제공한다.

하노이 탑에서 **'기둥의 수를 늘리는 변형'**에 대한 연구를 진행할 때 **어려운 점**은 기둥이 3개인 경우와는 다르게 기둥 A에 있는 모든 원판을 다른 기둥으로 옮기는 **최소이동경로가 유일하지 않다는 것**이다.

기둥이 4개인 경우의 하노이 그래프는 최단 경로가 유일하지 않아 평면 위에 그리는 것보다는 **입체적인 그림**이 적합하다고 판단된다.

이로 인해 최소이동횟수에 대한 점화식을 찾았다 하더라도 그 **점화식이 최소이동경로임을 증명**해야 하는데, 이 부분은 아직까지 미해결 문제로 남아 있다.

하노이 그래프를 이용하면 기둥이 4개 이상인 하노이 탑의 경로를 시각적으로 표현할 수 있어, 옮겨야 하는 원판의 개수에 따라 최소이동 경로의 개수가 여러 가지로 나타남을 시각적으로 확인 할 수 있다.